U0050065

觀光餐旅管理

—理論與實務

Hospitality Industry Management: Theory and Practice

郭春敏◎著

序

本書共十一章，分別為：第一章〈觀光餐旅事業概況〉；第二章〈觀光事業〉；第三章〈旅館事業〉；第四章〈餐飲事業〉；第五章〈休閒事業〉；第六章〈旅遊事業〉；第七章〈會議與展覽〉；第八章〈博弈娛樂事業〉；第九章〈觀光餐旅業行銷管理〉；第十章〈觀光餐旅業服務態度〉及第十一章〈亞洲地區觀光餐旅產業發展〉。

本書為增加其內容之豐富與趣味性，在每一章皆有介紹相關的旅館專欄，以增加讀者對旅館之興趣。再者，本書每章的第四節為個案探討，希望學子能從管理的不同角度探討與分享個案，藉此讓他們能更進一步瞭解旅館經營的甘苦與精神。

此外，本書附錄的管理專業術語乃為本書的特色，筆者將管理學較常用的術語運用在旅館管理的概念中，如「標竿學習」、「BOT模式」、「藍海策略」、「知識管理」等管理專業術語。期許旅館管理相關科系的學子，能以更宏觀的角度瞭解旅館管理的內涵與精神。

本書得以出版要感謝揚智文化事業股份有限公司，亦要感謝我的學生在授課中給我很多的點子與衝擊，才能讓本書資源更豐富，感謝眾多朋友的支持與幫助，還有我最親愛的家人給我的關心與愛護。希望將本書獻給我最敬愛與懷念的已故的母親——郭龔阿雪。最後感謝協助本書出版的每一個人，以及閱讀本書的讀者。

郭春敏

目　錄

序　i

第一章　觀光餐旅業現況　1

第一節　旅館業與旅行業　2
第二節　民宿業與觀光遊樂業　7
第三節　餐旅產業面臨的問題與未來趨勢　9
第四節　個案與問題討論　13

第二章　觀光事業　19

第一節　觀光餐旅事業定義與概況　20
第二節　文化觀光　30
第三節　特殊主題觀光　33
第四節　個案與問題討論　40

第三章　旅館事業　45

第一節　旅館業的概況及未來發展趨勢　46
第二節　民宿經營概況及未來發展趨勢　53
第三節　汽車旅館的概況及未來展望　58
第四節　個案與問題討論　62

第四章　餐飲業　67

第一節　餐飲業的認識　68
第二節　餐廳經營管理　80
第三節　主題餐廳　89
第四節　個案與問題討論　93

第五章　休閒產業　101

第一節　休閒產業的定義與功能　102
第二節　休閒農場　110
第三節　電子休閒　119
第四節　個案與問題討論　122

第六章　旅遊事業　127

第一節　旅行社介紹　128
第二節　遊樂園介紹　133
第三節　航空公司介紹　135
第四節　個案與問題討論　143

第七章　會議與展覽　147

第一節　會議產業的起源與發展現況　148

第二節　我國會議展覽產業之優勢與劣勢　154
第三節　台灣會議展覽產業未來之發展方向　159
第四節　個案與問題討論　162

第八章　博奕娛樂事業　169

第一節　博奕娛樂事業概論　170
第二節　博奕娛樂事業面面觀　174
第三節　博奕娛樂事業未來發展趨勢　181
第四節　個案與問題討論　187

第九章　觀光餐旅業行銷管理　193

第一節　行銷的內涵與原則　194
第二節　顧客關係行銷　202
第三節　全球配銷系統　207
第四節　個案與問題討論　211

第十章　觀光餐旅業服務態度　215

第一節　服務態度的內涵與重要性　216
第二節　顧客滿意度內涵與重要性　220
第三節　服務態度構面與文化探討　224
第四節　個案探討與分析　230

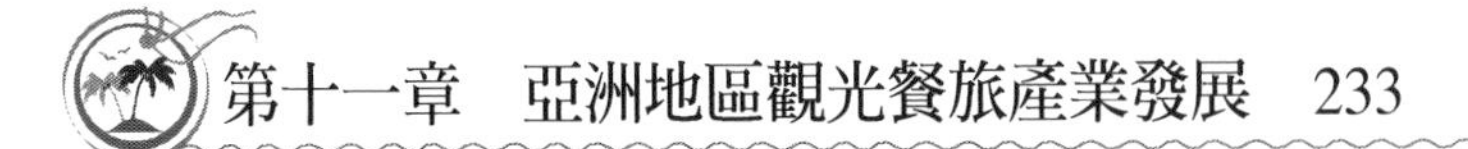

第十一章　亞洲地區觀光餐旅產業發展　233

第一節　港澳地區　234
第二節　韓國與新加坡　239
第三節　日本　243
第四節　個案探討與分析　245

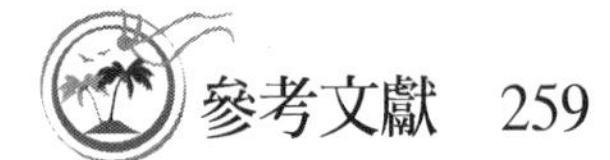

附錄　管理專業術語　249

參考文獻　259

第一章

觀光餐旅業現況

第一節　旅館業與旅行業

第二節　民宿業與觀光遊樂業

第三節　餐旅產業面臨的問題與未來趨勢

第四節　個案與問題討論

餐旅業是一個以服務為主的綜合性事業，它結合交通、住宿、餐飲、購物、娛樂、休閒等。其涉及的層面非常廣泛，包括航空業、運輸業、旅行業、旅館業、餐飲業、民宿業、觀光遊樂業等。本章將介紹台灣的旅館業、旅行業、民宿業、觀光遊樂業、餐旅產業面臨的問題與未來發展趨勢，介紹其產業現況與問題。

第一節　旅館業與旅行業

本節將介紹我國旅館業及旅行業之現況與問題，說明如下：

一、旅館業

(一)現況

就我國所頒布的「發展觀光條例」第二十三條規定，觀光旅館等級按其建築與設備標準、經營、管理與服務方式區分之。然台灣地區的旅館業依其規模、經營、管理方式及其特性，可區分為觀光旅館及一般旅館。按我國政府的規定又可把觀光旅館區分為：國際觀光旅館與一般觀光旅館（如**圖1-1**所示）。

而以往的觀光旅館評鑑標準是採「梅花」標識，現在觀光局則改採國際上較普遍之「星級」標識進行新一期之評鑑。目前我國的旅館分為三個層次：第一是一般旅館；第二是觀光旅館，大約屬三星級；第三是國際觀光旅館，屬四到五星級。截至2008年9月底，台灣地區觀光旅館共計90家，客房數共計21,058間，其中國際觀光旅館59家，客房數17,503間，一般觀光旅館31間，客房數3,555間。而只要是屬於這90家觀光旅館，其櫃檯都會掛一個觀光旅館的標誌，如果2008

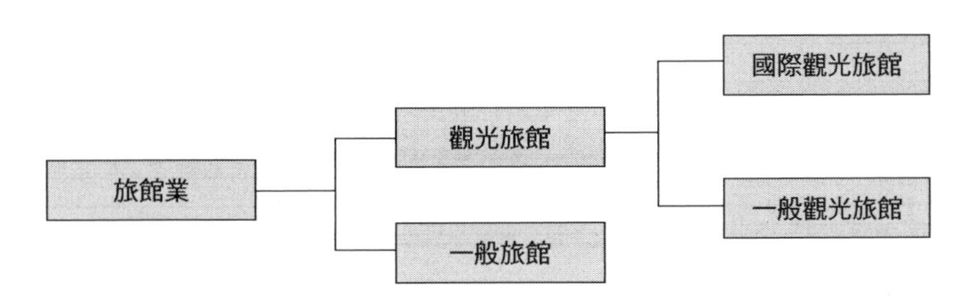

圖1-1　我國旅館業分類

資料來源：交通部觀光局網站（2005），http://taiwan.net.tw。

年底觀光局進行評鑑的話那就會有星級的標識出現（交通部觀光局，2008）。另外，一般的旅（賓）館則由各地方主管機關管理，截至2008年9月底，有3,274家，共123,969間客房，其中2,685家為合法旅館，589家為非法旅館（交通部觀光局，2008）。但由於其品質參差不齊，所以常會導致顧客有價值認知差異的糾紛情形。

(二)問題

我國現今旅館業所面臨的問題整理如下：

1.目前各主要觀光遊憩據點，如日月潭、阿里山、墾丁、太魯閣等，合法且具接待國際觀光客水準的住宿、餐飲、遊憩設施，於旺季國民旅遊量大增的狀況下，皆不足以應付，更遑論預期的大量大陸觀光客，恐產生相互排擠效應。

2.部分旅館的餐飲設施，未嚴格遵守餐飲衛生要求，若發生意外，恐會影響觀光客的身體健康及台灣觀光旅遊的聲譽。

3.旅館品質參差不齊，影響台灣觀光旅遊的聲譽。

4.旅館業是一個資金密集的產業，需要投入大量的資金，但台灣多數旅館業者都是獨資經營，所以較少有足夠資金增修硬體設施。

5.旅館業是勞力密集的產業，需要靠大量的人力服務；但由於服務人員的流動率高，所以無法提升旅館服務品質。

6.旅館業的營業時間長，能源成本的耗費是旅館主要花費，故節能措施應加強。

二、旅行業

(一)現況

我國旅行業依經營業務分為：綜合旅行業、甲種旅行業及乙種旅行業三種，其中乙種旅行業之經營範圍僅限於國內旅遊業務方面；甲種旅行業除可經營國內旅遊業務外，亦得經營國外旅遊業務；而綜合旅行業之經營範圍除涵蓋甲種旅行業之營業範圍外，另可經營批售業務。截至2008年9月底止，台灣地區共有綜合旅行業91家，甲種旅行業1,973家及乙種旅行業151家（不含分公司家數），合計2,215家，比去年同期增加101家（交通部觀光局，2008）。另外，甄訓合格實際受僱旅行業導遊人員有10,417名，領隊人數16,720人（交通部觀光局，2008）。

由數據顯示，旅行社的數量有增加的情形，這代表旅行社這個產業將會越來越競爭。特別是大陸市場這塊大餅，更是兵家必爭之地，尤其2008年7月4日開放大陸民眾直航來台觀光旅遊後，旅行社之間的競爭就好比來到戰國時代一樣。就觀光局2008年9月觀光市場概況資料顯示，當月大陸人民來台人數為33,251人次，比上個月29,281人次增加4,240人次（交通部觀光局，2008）。這表示，大陸人民直航來台觀光有慢慢開始加溫的情形。不過根據2008年6月大陸「赴台旅遊踩線考察團」座談會會議紀要發現，大陸旅行業者在台灣觀光方面，認為導遊的服務品質（包括導遊辦理入境手續、講解及在整個旅遊途中的服務品質）及導遊數量，是對岸業者較擔憂的問題之一，所以希望台灣旅遊方面有一個監控導遊服務品質及提高培訓的機制。另外，對於購物店的安排及購物店的停留時間長短，也是業者比較介意的問題，希望同一類型的購物店每團只安排一家，不要重複。一來客人可能不會有興趣，最重要的是，不同店的價格可能不一樣，結果導致旅遊糾紛。第二，希望事前約定每一站購物店之停留時間，避免與客人發生糾紛（大陸「赴台旅遊踩線考察團」座談會會議紀要，2008）。

(二)問題

有鑑於旅遊市場競爭激烈，兩岸人民之間的認知有所差異，其主要問題整理如下：

1.開放申請機制不完善，可能造成台灣旅行業者間的競爭問題，須預先擬定出公平、公開的相關機制，以免造成兩岸之間旅遊糾紛。
2.兩岸加入WTO後，大陸大型旅行業者來台設點營運，將相對壓縮台灣旅行社業者經營大陸雙向觀光市場空間。
3.大陸人民來台申請條件嚴苛，須以團進團出方式為之，且接待之旅行社還要負責管理及負擔旅客脫逃之風險。

專欄一　服務公寓

服務公寓是指專門提供短期旅行、商務出差之人士的居住場所，和一般旅館不一樣的是，服務公寓提供了更寬廣的空間，通常也包含了廚房、客廳、洗衣器材及上網等旅行、商務人士所需要的生活或是工作設施。而服務公寓本身配置有管家協助您CHECK/IN以及CHECK/OUT

的服務，同時管家也是對當地最熟悉的人，因此，管家除了提供生活必要的協助之外，也可以提供您最貼切的當地生活資訊。

服務公寓可因應人數的多寡，可以從較小型的公寓（房間數量較少）到比較大型的公寓（房間數量較多），依照每個人的需求不同而承租。和大家一般印象中民宿不一樣的地方，在於服務公寓並不是以房間單位來出租的，也就是說，您將保有自己的隱私，同一時間，除了您自己的友人或是家人成員之外，不會有其他陌生人跟你住在同一套服務公寓內。

根據維基百科全書中的解釋，服務公寓是一種提供裝潢、設計空間、齊全家具，以及日常生活必需用品的短期出租的公寓。在歐美旅行的文化中，人們即使旅行，都會希望到了一個新的地方仍然擁有家的感覺（看過《鐵達尼號》的羅絲及母親要旅行時連喜歡的名畫都帶了嗎）。因此，除了旅館的有限空間之外，提供精緻裝潢、各項舒適客廳及臥房設施、廚房、家具以及清潔設施的服務公寓（Service Apartment）衍然而生。他們所管理的公寓，擁有精緻的裝潢以及舒適的居家用品，同時還有專業的管家以及清潔人員管理，不僅適合商務人士，也適合短期旅行者。

服務公寓引進物業管理公司，以飯店服務的模式提供各項付費的服務，例如代訂機票、鐘點女佣房間打掃等等，讓住戶擁有置身五星級飯店的方便生活，出租的商務住宅如「新光傑仕堡」，幾乎比照飯店的型態，租客選擇房型之後，只要提著一只皮箱就能輕鬆入住，不需煩惱裝潢、家具的問題。

資料來源：1.http://tw.house.yahoo.com/article/aurl/d/a/080825/11/9d6.html
2.http://www.era101.tw/newsshow.asp?newstype=2&id=191
3.http://apartments.com.tw

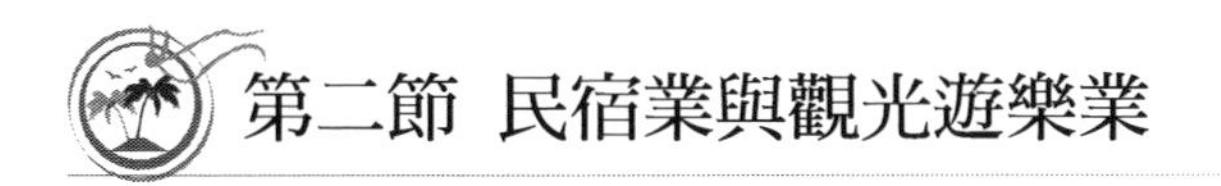

第二節 民宿業與觀光遊樂業

本節將介紹我國民宿業及觀光遊樂業之現況與問題，說明如下：

一、民宿業

(一)現況

依據台灣「民宿管理辦法」第三條指出，所謂的民宿係指利用自用住宅空閒房間，並結合當地人文、自然景觀、生態、環境資源及農村漁牧生產活動，以家庭副業方式經營，來提供旅客鄉野生活之住宿處所。同時其經營規模又可分為「一般民宿」與「特色民宿」兩種；「一般民宿」是指其經營規模以客房數5間以下，且客房總樓地板面積150平方公尺以下為原則。而「特色民宿」是指位於原住民保留地、經農業主管機關核發經營許可登記證之休閒農場、經農業主管機關劃定之休閒農業區、觀光地區、偏遠地區及離島地區之特色民宿，得以客房數15間以下，且客房總樓地板面積200平方公尺以下之規模經營。但以現階段國內民宿發展情形來看，其成長速度儼然已成為新興的觀光休閒產業的一部分。截至2008年9月底止，台灣地區共有3,079家民宿，其中2,582家為合法民宿，497家為非法旅館；較去年同期（2,601家）成長18.4%，且其房間數也從去年11,190間客房增加到13,179間（交通部觀光局，2008）。尤其近幾年台灣的民宿已朝向「專業化」及「優質化」的經營模式發展。除了提供舒適的住宿空間外，更兼顧了本土化發展及地方文化產業的復興，甚至還融合了地方特色餐飲及屋主的親切服務來吸引更多遊客。

(二)問題

由於大多的民宿經營者為獨資經營，故較缺乏專業之經營理念和專業管理的能力。根據黃穎捷（2007）的報告指出，當前台灣民宿經營者所面臨的問題，大致上為：

1.規模小，財務力不足，競爭力較弱。
2.人力不足，無法留住年輕人力。
3.服務品質良莠不齊，旺季詐欺遊客事件多，影響整體民宿產業形象。
4.業者民宿經營理念、專業知識與技能不足。
5.民宿經營特色不足，立基、訴求、風格、資源需突破。
6.沒有外圍後勤組織協助，須與社區資源融合，協同運作。
7.個別行銷力不足，無法有效包裝產品，提升價值。

二、觀光遊樂業

(一)現況

根據交通部所發行的「發展觀光條例」中第二條列明：本規則所稱觀光遊樂業，是指經主管機關核准經營觀光遊樂設施之營利事業。觀光遊樂業多在風景特定區，或者是觀光地區提供給遊客各種不同的遊樂設施。此外，為了提供遊客辨識觀光遊樂業專用標識的功能，形塑觀光遊樂業合法的、安全的、優質的休閒環境及優良企業的服務品質形象，交通部觀光局於2007年4月23日完成觀光遊樂業專用標識換發作業，全面啟用新型觀光遊樂業專用標識，以作為遊客選擇合法觀光遊樂業之依據。截至2008年9月止，全台有23家觀光遊樂業者。另外，就該年8月份營運概況整體而言，遊客量達1,203,942人次，較去年同期成長36.86%。而遊客人次前五名之產業分別為小人國主題樂園（219,362人次）、月眉育樂世界（175,168人次）、六福村主題樂園（138,731人次）、八仙海岸（128,498人次）及劍湖山世界（117,485人次）。雖然說2008年暑假觀光遊樂產業能夠有如此明顯的成長，除了界業用心經營及推廣外，觀光局也在暑假期間配合全台觀光遊樂產業促銷各種優惠方案，並舉辦各項活動，提高民眾遊玩意願，進而提升遊客人次及營業額。

(二)問題

就整體而言，觀光遊樂產業近幾年的發展不能算是均衡穩定，特別是淡旺季差距更大，甚至觀光遊樂業龍頭劍湖山世界及六福村主題樂園，這幾年來遊客人數都有逐漸下滑的跡象，其問題歸納如下：

1.台灣觀光遊樂業多數集中在北部與中部，容易遊客過度集中，造成品質低下的過度使用現象。

2.現在經營觀光遊樂業，需要不斷地推陳出新並添置新器材，才足以吸引更多的遊客到訪。但礙於開發大型觀光遊樂業需要大筆的經費，所以導致業者裹足不前。

3.受限於觀光設施投資成本偏高、國際競爭力較差，且投資程序複雜、申請時效緩慢，影響民間投資意願。

第三節　餐旅產業面臨的問題與未來趨勢

本節將介紹我國行政配合上的問題及台灣觀光餐旅產業未來發展之趨勢，說明如下：

一、行政配合上的問題

除了從國際水準及國內使用者的角度來檢視觀光服務的每一個環節外，我們還需要從行政機關的每個層級來改善。特別是提供遊客遊憩安全的環境，解決環境污染髒亂、大眾運輸不夠便捷、地方特色不足、價格昂貴等課題。況且觀光產業既是民眾生活中的必備事項，在行政上自需調整其優先順位：

1.突破法令，加速引進民間力量。
2.在不影響公共安全前提下，輔導違規業者合法化。
3.資源配套有效整合。
4.提升公部門觀光投資比例（目前觀光支出占政府總預算比例不到1%）。
5.因應地方制度法的施行，賦予地方政府營造地區特色之權責。
6.推動均衡、永續的觀光發展。

上述各產業所面臨的問題，有礙於我國餐旅產業之發展。因此，如何改善觀光產業環境，將是提升我國餐旅產業服務品質的重要問題。

二、台灣觀光餐旅產業未來發展之趨勢

台灣是一個寶島，故台灣發展觀光餐旅事業，具有相當的潛能，以下筆者將簡介台灣觀光餐旅產業未來發展之行業，如觀光賭場飯店、溫泉旅館、精品旅館、健康養生餐廳、主題式和複合式餐廳、民宿及會議管理等以供參考，說明如下：

(一)觀光賭場飯店

近些年來，「觀光產業」已成為最具國力、社會、經濟指標的產業。綜觀目前全球的旅遊，大都結合了遊憩、觀光、休閒、購物、遊樂場及賭場為主要發展方向，而這些休憩觀光的旅遊方式，已成為二十一世紀發展趨勢（張於節，2002）。其中又以賭場結合而成的博奕事業經營，更是將賭場自純粹的賭場遊戲主軸轉變成現代的一種商業、休閒及娛樂活動，成為觀光產業的重要一環。由於台灣立法院已通過離島博奕條例，故未來博奕娛樂產業將是台灣發展的新趨勢。

(二)溫泉旅館

隨著週休二日及國人對休閒品質和醫療保健的重視。此外，因台灣地處太平洋地震區，地層活動相當頻繁，因而形成很多的溫泉露頭，故溫泉旅館以推廣休閒遊憩、醫療保健等功能，亦為現代人所重視。

(三)精品旅館

近年台灣的汽車、商務及主題旅館等精品旅館，皆提供很好的產品、設備、服務、價格合理且新創意十足，故亦吸引很多的消費者前往體驗與嘗新。相信業者永遠站在消費者的立場來感受事物的話，且不斷持續有不同的創意，那麼就不擔心遭到同業的抄襲。

(四)健康養生餐廳

隨著消費者飲食習慣的改變與時下的潮流趨勢，健康與個性化的餐飲文化風行。因此，餐飲業者紛紛颳起一股養生風，不但強調低脂、高鈣及養顏美容等，此外，也在風味上不斷推陳出新，要吃得健康、吃得精緻且強調fooding的餐食藝術。

(五)主題式和複合式餐廳

主題餐廳又稱特種餐廳，是以某種特色或是有一個很鮮明的主題，讓人一看到這間店，就瞭解它想帶給人的主題為何。所謂食物加感情的飲食哲學「fooding」就是「food+feeling」，亦是主題式和複合式餐廳所用心經營的理念；希望用餐者能用感情、情感去體驗食物，感受每道佳餚上桌時的香氣，欣賞擺盤的色彩、美感及體驗業者給與主題餐廳的故事。

(六)民宿

台灣的人口密度高，鄉村旅遊將是未來旅遊發展的新寵，尤其許多小鎮將發展出各具特色的民宿，伴隨著對生活品味的追求和旅遊休閒的提升，小鎮深度旅遊和地方特色民宿的結合將是一種不可抵擋的趨勢。台灣民宿非常有特色，它除了有家（home）的感覺又有旅館（hotel）的經營方式，故台灣的民宿有一個新名詞——Hometle（home+hotel）。

(七)會議管理

在新興的經濟服務產業中，會議展覽服務業由於能帶動商業、服務業及旅遊業上下游產業的整體發展，並產生龐大乘數效應，又兼具有「無煙囪產業」的特質（葉泰民，2004），加上行政院在「挑戰2008：國家發展重點計畫」中，也將「會議展覽服務業發展計畫」列入重要項目之一，故會議管理將是台灣觀光餐旅發展的重要產業與趨勢。

其實台灣有很多美麗的自然風光、豐富的人文觀光資源及親切友善的服務，我國也一直希望能在國際上顯露頭角綻放光芒，讓大家認識台灣的觀光餐旅業。國人必須積極拓展國外觀光客源，如結合其他部會的資源，增加台灣觀光曝光機會，深化國際對台灣觀光餐旅印象。更重要的是，筆者認為這應該是全民一起參與的活動。因此，我們要不斷地宣導教育國民，加強他們對台灣觀光餐旅的認知，讓台灣邁向國際化不再只是個夢想。

第四節　個案與問題討論

爸爸說：
一生中沒來台旅遊會終身遺憾，
果然，來台旅遊讓我遺憾終身。
難怪隔壁房的大嬸說了個順口溜，說咱們來台，
起得比雞早，睡得比賊晚，
吃得比豬差，跑得比馬快。
真是傳神極了。

我兒魯丹的日記（上）

暑假的時候，我帶咱家的小魯丹到台灣去，讓他回到北京，可以和同學們炫耀一番，不過，咱，魯雅赤，下次再也不去台灣了。尤其是看了咱寶貝小魯丹的日記後，更讓我下定了決心。那天，咱兒家不小心看到小魯丹兒的暑假作業——暑假日記，還有老師的眉批，內容是這樣的——魯丹，日記內容充實，惟分段不均，大綱不明，敘述還算完整，可以更好喔。備註：去台灣也是老師的夢想，下次上課，請你和各位同志們報告分享去台灣的經驗吧！ 佳鳳老師

[出發前一天] 2009年6月10日 天氣晴朗

今天晚上，和爸爸跟媽麻準備行李要到台灣玩，媽麻說，「ㄋㄧㄢˊ爺爺就是從台灣回來的。」（雖然小魯蛋兒不認識ㄋㄧㄢˊ爺爺住在啥麼地方，也許老師知道。）小魯蛋昨天睡覺覺前，問爸拔。爸拔說，「ㄌㄧㄢˊ爺爺就是從台灣來的。」

那天白雲同學一直再和我炫耀，他和爸拔媽麻去台灣好多好多好多的地方玩，小魯蛋好羨慕他，不過我現在終於要去台灣了，那我也要搭飛機了！回來的時候，我一定要跟白雲同學說。可是我不要跟他一樣愛現。

〔第一天〕2009年6月11日天氣晴朗 午後雷陣雨

一大早，我也不知道幾點，天空還烏漆抹黑的，爸爸就把我抱到一台遊覽車上，我好想睡覺！醒來以後，已經快到台灣了，我們坐在靠近飛機翅膀的地方，有一朵好大的粉紅色梅花，中午的時候，我們先在一個很大的牌匾下下車照相，爸拔和媽麻有帶我去上洗手間，爸拔和媽麻，輪流揹著小魯蛋一直走一直走，走得好快，震得我頭昏腦花得想吐，後來太陽好大好熱，後來我們爬上一個藍色的屋頂、白色的牆壁，很像是我們家鄉的天壇公園（註：北京）。可是家鄉有拉三輪車的伯伯，這裡沒有，好遜哦！爸拔一直顧著拍照，害我被媽麻罵。

可是，那是好奇怪的地方，裡面有一個大佛而已，還有幾個衛兵，大佛的頭光禿禿，還有兩撇小鬍子。我覺得跟家鄉隔壁街的麻豆子老伯很像，真的很奇怪。最後，我們很厲害，用很快的速度跑回去遊覽車，導遊和領隊一直在叫我們了。很快，我們又到一個蓋了很高很高的樓房那裡，叫作台北萬歐萬，在這裡待了好久，吃完飯，媽麻就不知道跑去哪，爸拔說要帶我去買玩具，爸拔還買了一台紅色的跑車模型。

我好無聊，大概過了很久很久吧，我們才出發到故宮博物院，聽爸拔說，裡面有很多是蔣匪偷運來台的，小魯丹認為這樣不太好，違悖善良風俗。從故宮出來的時候，太陽公公已經不見了還飄雨，後來，晚上我們去士林夜市逛街，小魯丹只記得迷迷糊糊的時候，聽到領隊姊姊說，「宮崎駿的神隱少女，背景靈感是從九份金瓜石的老街得來的……」我也很喜歡小千。我們從士林到九份的時候，坐了好久的車，從九份要回宜蘭溫泉飯店的時候，爸拔和媽麻兩手都提滿了大大小小的袋子，好可怕！不過九份真的好美哦！小魯蛋的結論是，今天很忙，可是很充實。

〔第二天〕2009年6月12日天氣晴朗

凌晨太陽都還沒出來，我們就已經吃完早飯，上車之後，沒多久太陽終於出來了。今天來了一個導遊姐姐，導遊姊姊叫我們自我介紹，還問小魯蛋的專長，於是，小魯蛋就秀我最厲害的背詩給大家聽，領隊姊姊說我很厲害，在車上的時候，我背了好幾首詩，大家都熱烈地大聲叫好，小魯蛋最愛背詩了，我背一次給老師看：「姑蘇城外寒三寺，常死英雄淚滿襟。……吃卜桃不吐不倒皮，不吃葡萄倒吐葡討皮。」厲害吧！

今天，我們去宜蘭的冬山河，經過一條長長的海岸線，很漂亮，可是感覺好危險哦，很像隨時都會衝出去山崖，有一個地方，叫作ㄍㄨㄟ山島來的，美的像是仙境一般，令我十分難忘。

一路上，我們經過一個休息站，和三個名產店，還有去宜蘭蘇澳的白米村，和到冷泉游泳，可能游泳游得太高興了，上車後，小魯丹就睡著了，醒來的時候，已經一點，那時候才吃午餐的時間，小魯丹餓壞了，可是，那個菜好難吃。過了中午，我們抵達台東太魯閣國家公園，晃了大概一個小時後，我們又前往一間亮晶晶的飯店下榻，媽媽說那是墾丁威利飯店，裡頭的精品街亮晶晶的，有很多的玉石，紅的、黃的、綠的、黑的……還有透明的，爸拔剛開始只有在外面拍照，後來因為媽麻讓他和我在外頭等了很久，於是我們就進去找媽麻，裡面的服務人員說，這裡是全台灣最便宜的珠寶、精品店，一定會給我們最優惠的價錢，這個價錢就連台灣人也買不到的，不知道為什麼，好多人一直搶購似的，很像家鄉那裡沒有，可是，我看都長得很像啊！

後來，我們太陽快下山前，才到墾丁國家公園走了一下，我都還沒上到洗手間，就被媽麻抱上接駁車，我一直忍一直忍，最後終於在墾丁的街上下車，讓可憐的小魯蛋到吃晚餐的店上洗手間，吃完飯，我們都有吃到台灣最有名的水果——蓮霧喔，真的很甜，我們就在墾丁街上附近的沙灘走了走，看到好多人穿著泳衣游泳，還有很多人拿了很大一支叫作仙女棒的香，點起火後一閃閃好漂亮，我也買了一包，和大家一起玩。

晚上睡覺前，領隊告訴我們早上六點要起床，六點四十用餐，七點三十要出發去台南關仔嶺，爸拔問領隊，聽說台南關仔嶺是看日落的，為什麼一大清早要去關仔嶺？領隊姊姊說，沒有人規定一定只有看日落啊！爸拔又說，台南關仔嶺行程不是安排在昨天？這時候領隊姐姐不曉得說什麼，後來，爸拔臉又很臭了。

〔第三天〕2009年6月13日天氣晴

一大清早，我都爬不起來，小魯丹醒來的時候，小魯丹只看到除了爸爸在車上沒有睡覺之外，其他隔壁的大嬸大叔全都睡著了。好安靜哦！已經快到台南關仔嶺了，這時候太陽快要出來了。

上去看日出的時候，爸拔買了一杯熱豆漿和一個燒餅油條給我吃，小魯丹吃完之後，覺得還是家鄉的吳大娘豆漿店賣得最好吃，沒多久，我們繞到台南市的孔廟和赤崁樓去，然後再出發回到高雄的英國領事館、旗津天后宮，然後中午在夢時代購物廣場吃飯，一個小時內就往旗津百年老店三和製餅鋪去，然後再到佛光山、彩蝶谷、西子灣海水浴場玩，晚上則到最有名的六合夜市吃小吃，大概留了一個小時半，我們七點前就開車前往嘉義的飯店，結束今天的行程。

今天真是愉快的一天吧！可是，爸拔和其他人都不太說話，不知道為什麼？

〔第四天〕2009年6月14日天氣晴

領隊說，全球只有三座高山小火車，台灣阿里山就有一座，連日本人都喜歡來看台灣阿里山的日出，真的很有名。很多人摸黑擠上小火車上山去看，不過，一早四點吃完早餐，開車前往阿里山看日出，整條路上黑幽幽地，然後整條山路很崎嶇不平、彎彎扭扭地，大家都在睡覺，我也在睡覺，只是有時候看到有些人和領隊有點吵架的聲音，被吵醒過來。

看完日出後，我們繼續趕車到奮起湖車站買火車餅、草仔粿、鐵路便當，奮起湖老街很漂亮，感覺和九份金瓜石老街不太一樣。附近還到奮起湖車站附近的台灣杉森林棧道逛了一下，還有到達納伊谷、阿里山農場的情人橋、神秘谷、塔塔加的夫妻樹、遊客活動中心，爸拔跟我說：「小魯蛋，我們的行程很趕，走馬看花的，你會不會累？」，我怕下次爸爸不帶我來，所以我跟爸爸說，不會，我精神百倍！！最後，我們走山路繞到南投的集集、水里，最後到日月潭下榻涵碧樓飯店，在日月潭度過整個夜晚。爸拔和媽麻說，今天晚上是最後一天待在台灣，明天一大早吃完早餐就要回去家鄉。我很想念嬤嬤還有老爺。

問題討論

1.請問如果您是個案中的魯丹？您會想再次來台灣觀光？
2.如果是？其原因為何？如果不是，其原因為何？
3.根據上述個案，請問您有何想法或建議，以增進觀光旅遊品質？

第二章

觀光事業

第一節　觀光餐旅事業定義與概況

第二節　文化觀光

第三節　特殊主題觀光

第四節　個案與問題討論

隨著休閒風氣的蓬勃發展，觀光需求日益增加，觀光產業已成經濟發展的重要產業。根據聯合國世界觀光組織（United Nation World Tourism Organization, UNWTO）資料顯示，2007年全球國際觀光遊客人次達到8.98億人次。根據觀光局統計資料顯示，2007年累計國人出國總共8,963,712人次，入境遊客為3,716,063人次，出境遊客為8,963,712人次，台閩地區旅遊人次為149,786,910人次。亞都麗緻集團總裁嚴長壽描述了旅遊的三個層次：第一代觀光客走馬看花，為了「到此一遊」，總希望多跑幾個地方；第二代觀光客懂得選擇主題旅遊（theme tours）、深度旅遊（depth tourism）、特殊興趣觀光（special interest tourism），期望欣賞與體驗，這也是台灣人目前所處的層次；第三代觀光客，提升到更深一層，旅遊無目的，是隨性且不受拘束。在主題旅遊、深度觀光、特殊興趣觀光流行的趨勢下，遊客自主、主導旅遊行程也成為主流趨勢。特殊興趣觀光客會選擇能滿足特殊興趣或需求的產品與服務（Norman, Ngaire & Derrett, 2001）。本章首先針對觀光餐旅事業定義與概況作介紹，進而說明文化觀光、特殊主題觀光，最後說明個案與問題討論。

第一節　觀光餐旅事業定義與概況

本節將介紹觀光的定義、觀光事業的特質、世界各國觀光組織、我國觀光相關名詞定義、觀光事業的沿革、觀光資源的定義特性與分類、觀光資源開發規劃原則、我國觀光遊憩資源體系與發展、觀光遊憩經營管理內容，說明如下：

一、觀光的定義：世界觀光組織（WTO）

觀光：「一種基於休閒、業務或其他非以賺取報酬為目的，而到日常生活範圍以外之地方，且停留不超過一年的旅行活動。」

觀光的定義：是一個暫時性的活動。人們離開自己的生活圈子去另一地，停留超過二十四小時，其目的包含欣賞自然風景或人文風光等從事非營利的活動，使身心得到抒解放鬆。但這種停留有別於長期居留和永久居留，人們旅行和暫時居留而產生的各種社會現象和關係的總體。

觀光旅遊的三個基本要素〔聯合國統計處（Statistical Commission）〕：

1.旅客從事的活動是離開日常生活居住地。
2.這些活動需要交通運輸將旅客帶到目的地。
3.旅遊目的地有充分的軟硬體設施與服務等，能夠滿足旅客旅遊準備，以及在該地停留期間的需要。

二、觀光事業的特質

觀光事業是一個有形及無形的商品。它是具有敏感性，受自然因素（如地震、海嘯）、人為因素（如政治、經濟、社會治安）與相關行業因素（如餐飲業、航空業）影響。總之，它是無力自主完成的。它也具有季節性。

在旺季時相關設施供應不足；在淡季時設施及人力資源過剩。因此必須縮短淡旺季的差異，才能更有效的提高觀光的經濟效益。

最後，觀光產業也牽涉國際形象，所以對於來華旅客的接待工作，從業人員更須認知其重要性，提供妥善的服務。

三、世界各國觀光組織

(一)國際觀光組織

1.「世界觀光組織」（World Tourism Organization, WTO）於1974年進行改組，正式定名為世界觀光組織。其宗旨是促進和發展觀光事業，增進社會文化繁榮，加強國際間的合作與和平，以及尊重人類基本的自由和權利。世界觀光組織的總部設在西班牙馬德里。

2.「國際旅館協會」（International Hotel Association, IHA）於1946年在英國倫敦成立，總部現設在法國巴黎。其宗旨是聯合世界各國的旅館業協會，研究國際旅館業的經營和發展，促進會員間的交流和技術合作。

3.「亞太旅行協會」（Pacific Asia Travel Association, PATA）其總部設在舊金山，其主旨是聯合亞洲及太平洋地區所有熱心於觀光旅遊的團體和組織，鼓勵和支持本地區觀光業的發展，保護本地區特有的觀光資源。

根據世界觀光組織的報告，全球官方的觀光組織多達一百七十個以上，屬於世界觀光組織的會員也超過一百個，這些國家觀光機關的成長，象徵全球對觀光重要性的共識；但是由於國家環境背景的不同、政府組織架構及政策走向迥異，以及觀光事業複雜性及多樣化，造成了全球國家觀光組織的不確定地位。其中，屬於政府機構者最廣，如我國、中國大陸、美國、法國、加拿大、義大利等國家；屬於半官方性質，如新加坡、香港、南非、韓國等國家；屬於非官方機構者，如德國等國家。

(二)我國觀光組織

行政院觀光發展推動小組，針對觀光發展面臨的問題一一解決。成立中央觀光主管機關為交通部，但主管全國觀光事務機關則為觀光局，以負責督導全國觀光業務，與審核全國觀光旅遊事業發展政策及計畫，但不執行政策。

四、我國觀光相關名詞定義

1.觀光產業：指有關觀光資源之開發、建設與維護，觀光設施之興建、改善，為觀光旅客旅遊、食宿提供服務與便利，以及提供舉辦各類型國際會議、展覽相關之旅遊服務產業。

2.觀光旅客：指觀光旅遊活動之人。

3.觀光地區：指風景特定區以外，經中央主管機關會商各目的事業主管機關同意後指定供觀光旅客遊覽之風景、名勝、古蹟、博物館、展覽場所及其他可供觀光之地區。

4.風景特定區：指依規定程序劃定之風景或名勝地區。

5.自然人文生態景觀區：指無法以人力再造之特殊天然景緻、應嚴格保護之自然動／植物生態環境及重要史前遺跡所呈現之特殊自然人文景觀，其範圍包括：原住民保留地、山地管制區、野生動物保護區、水產資源保育區、自然保留區、國家公園內之史蹟保存區、特別景觀區及生態保護區等地區。

6.觀光遊樂設施：指在風景特定區或觀光地區提供觀光旅客休閒、遊樂之設施。

7.觀光旅館業：指經營國際觀光旅館或一般觀光旅館，對旅客提供住宿及相關服務之營利事業。

8.旅館業：指觀光旅館業以外，對旅客提供住宿、休息及其他經中央主管機關核定相關業務之營利事業。

9.民宿：指利用自用住宅空閒房間，結合當地人文、自然景觀、生態、環境資源及農林漁牧生產活動，以家庭副業方式經營，提供旅客鄉野生活之住宿處所。

10.旅行業：指經中央主管機關核准，為旅客設計安排旅程、食宿、領隊人員、導遊人員、代購代售交通客票、代辦出國簽證手續等有關服務而收取報酬之營利事業。

11.觀光遊樂業：指經主管機關核准經營觀光遊樂設施之營利事業。

12.導遊人員：指執行接待或引導來本國觀光旅客旅遊業務而收取報酬之服務人員。

13.領隊人員：指執行引導出國觀光旅客團體旅遊業務而收取報酬之服務人員。

14.專業導覽人員：指為保存、維護及解說國內特有自然生態及人文景觀資源，由各目的事業主管機關在自然人文生態景觀區所設置之專業人員。

五、觀光事業的沿革

觀光事業的沿革分為國外及中國觀光事業發展史，說明如下：

(一)國外觀光事業發展史

◆古代旅遊

以商務旅行和宗教旅行為主，具有明顯的經濟目的；方式多為分散的個人行為；只有統治者及知識分子才可享受的消遣旅遊及求知旅遊。

◆近代旅遊

因工業革命為了生存上和生產上的需要發展，進而衍生觀光活動的需要；主要以組織團體旅遊為主。

◆現代旅遊

火車旅遊及飛機的發明。在第二次世界大戰後，因經濟復甦帶動國際旅遊業迅速蓬勃的發展。將五〇年代、六〇年代、七〇年代，稱為「舊觀光」，特色是以大眾化、標準化、固定式包辦假期為主；八〇年代以後，稱之為「新觀光」，特色是彈性區隔化與更真實的觀光體驗。

(二)中國觀光事業發展史

◆中國古代旅遊

以皇帝微服出巡，瞭解民間疾苦；到漢代張騫通西域和司馬遷的遊歷活動，前者具有政治目的的探險，後者則屬於典型的學術考察旅行。

◆中國近代旅遊

以出國經商或遊歷的旅遊者為主，更多是到西方學習先進科技的留學生。1923年8月上海商業儲蓄銀行設立「旅行部」，成為第一家中國人在國內開辦的旅遊企業。1927年，該部改稱為「中國旅行社」，在全國十五個城市設立了分社，在美國紐約、英國倫敦、越南河內等國外大城市設立分社，進入國際旅遊市場並出版了專門性的旅遊刊物《旅行家雜誌》。

◆中華民國時期旅遊現況

早期受到「戒嚴政策」和「經濟建設計畫」影響，由於十大建設開展陸續完成，國民生活所得的提高及因應加入世界觀光組織（WTO），以及藉由觀光事業的開展，提升我國國際形象和促進地方經濟發展。

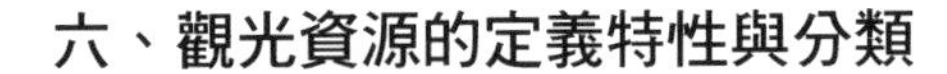

六、觀光資源的定義特性與分類

(一)觀光資源的定義與特性

觀光資源的定義是對觀光客具有吸引力的事物，具有美學的觀賞價值，反映了地方特色，具有各要素間的聯繫和季節性及永續利用的特點。

觀光資源的特性包括：觀賞性、地域性、綜合性、季節性、永續性。旅客藉由欣賞不同的地區所表現出不同的文化特色和旅遊景觀，或同一地區內結合多種類型觀光資源的旅遊景觀後，在心理上產生不同的感受，而這些體驗能滿足觀光客的需求。

(二)觀光資源的分類

◆自然資源

自然資源的分布及利用，與地形、地景、交通網和城市的分布較為密切。在利用型態上以保育為主，遊憩開發為輔，例如瀑布：十分瀑布、五峰瀑布等。

◆人文觀光資源

人文觀光資源之分布與早期台灣漢民族移民開墾路線有相當大的關係，原住民部落外，多集中在北部和西部平原。

◆民俗活動

民俗活動諸如平溪放天燈、鹽水蜂炮等。宜結合學校資源，對於已經式微或沒落的民俗技藝加強其傳承性，並配合地方之社區發展，成為區域性的特色。

七、觀光資源開發規劃原則

◆保持和發展觀光資源的特色

對於任何地區的文物古蹟、古建築物等，應盡可能保持其歷史形成的原貌，並試著將許多傳統古街及古蹟與觀光相結合，開創新的商機。

◆符合市場需求的原則

觀光資源開發必須隨時注意市場需求，在適當時期作開發投資，因此，遊憩區的開發則著重採生態開發的手法，採局部重點式的開發型態。

八、我國觀光遊憩資源體系與發展

我國對於提供觀光遊憩功能之區域，最主要分為風景特定區和觀光區。例如國家公園：由內政部營建署管理，目前已有玉山、陽明山、墾丁、太魯閣、雪霸和金門國家公園等六座國家公園。依其型態及資源特性，劃分為：一般管制區、遊憩區、史蹟保存區、特別景觀區和生態保護區五種分區經營管理。

九、觀光遊憩區經營管理內容

觀光遊憩區經營管理內容包括：環境、設施、遊客及管理者四大部分，隨著時間因素處在動態變化中。觀光遊憩區經營管理的涵義，乃是管理單位運用有限的經費人力，對觀光遊憩資源作永續利用及合理分配與管理，能提供最佳旅遊服務。

專欄二　文化產業的設計與創意

受到全球經濟體制的運行以及國際休閒化的影響，地方文化產業的發展已成為各國地方經濟發展的主軸。尤其歷經漫長的時代演變，文化產業已逐漸地在現實經濟社會中慢慢成長，代表著文化消費的時代已經悄悄地來臨。這也是為何許多國家開始提出文化產業政策，其目的就是希望能從中達到「經濟成長」、「增加就業」與「文化提升」的目標。

而現今文化的思潮與多元的應用，對於文化創意設計形成的關聯項目，可分為以下三個部分：

一、地域性與國族特性的著重

全球文化產業競爭時代，本土文化可說是個重要的競爭優勢，所謂的本土文化就是生活在台灣這個社群生活的點點滴滴，而衍生出具有生命力的表現方式，來引起人類的高度共鳴。所以地方產業的「特殊性」以及「稀有性」將成為吸引國際性的觀光休閒要點，也是帶動產業經濟與凝聚居民意識的主要資產。而特定空間的象徵，包括意象、記憶資源、歷史保存和地方資產維護等，都是地方產業發展的重要角色，且往往必須藉由「意象重建」，來作為強化「地方行銷」的主要策略。

二、追求差異消費意識的特色（差異消費：由法國哲學家德希達提出，現代主義時代是以生產者主導的無差異消費。但是在後現代環境下是以消費者所欲求的差異消費、知識消費為主）

觀光消費就是典型差異消費，而獨特風格就是差異消費的客體。全球文化產業所追求的是人類普遍關心，即是大多數人可理解的「普遍性」主題。依此看普遍性雖占上風，但是否可斷言本土文化的主題無用武之地？也不盡然。因為相反的「差異性」更具有吸引人的特質。因

此，相對於現代設計運動的普同性，思考「差異性」與「本土文化」表現在文化產業，適度展現本土特質的差異性才能攫取地方產業獨特的優勢。

三、善於溝通，產品的表情十足才是賣點

從七〇年代之後興起的後現代風潮，對於設計感性表達的演變過程、設計的藝術性以及文化的角度，逐漸配合全球政經勢力再結構的過程，造就了多元的價值觀。繼承了現代主義設計運動，在後現代設計運動之中，產品結合了感性與理性的設計創意。「感性思維」是發揮設計主題感染力的思考項目，並以說故事的思維方式，進行軟性的說服與溝通。

另外，文化產業創意設計有重要的三大要素，分別為：美感、價值與故事。形式與外型的「美感」是必要的條件，讓外在的環境變得更藝術化、美感化，進而從外在影響到內在；其次是「價值」，此要素是贏得消費者認同的一個重要因素，而價值通常是隱含的，透過外顯形式間接表達，因為多數的民眾喜歡在娛樂及感性中瞭解一些概念與價值；「故事」在文化產業中扮演主要的關鍵角色，在於提升地方的價值感。發掘故鄉的記憶、印象以及人文脈絡，並從故事中去感受、探索事物，體會其中的價值，以企求感動參訪者與旅遊者。此外，「故事」中還包括：呈現的主題、鋪陳的節奏與方法，這些都可能因地方的風情特色不同，而有不同的特殊性。所以「說故事、創作故事」正是追求「創意台灣」的一個好方法。

資料來源：陳乃菁、卓玲妃專欄〈文化產業的設計與創意〉。敘事設計資訊中心：http://home.educities.edu.tw/lingyf/na/col028.html。

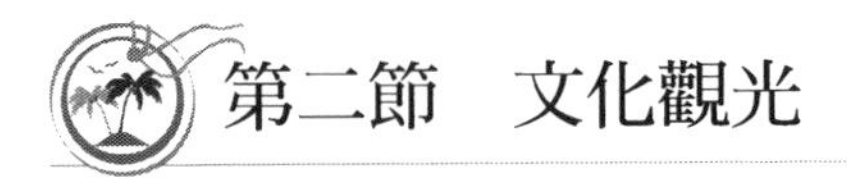

第二節　文化觀光

文化觀光產業與電子產業都被譽為二十一世紀中最具潛力的兩大產業（劉大和、黃富娟，2003），它是一項具有高度知識和產值的產業。台灣目前在電腦產業的發展曾被比喻為「世界辦公室」，在國際間已具有顯明的品牌效應，文化觀光產業則是台灣目前討論的新課題。文化觀光產業的發展不僅發生在國家的競爭，也有發生在城市的競爭上，如歐美國家：巴黎充滿自由、文化、藝術與生活的品味；倫敦為中古帝國之歷史古城；舊金山為浪漫的海岸山城；紐約為美國精神與世界文化中心；亞州國家：香港為美食購物天堂；新加坡提出花園與遠景城市的訴求；北京為中華傳統古都等。以下將針對文化觀光定義、飲食文化觀光及宗教觀光（religion tourism）作進一步說明：

一、文化觀光的定義

世界觀光組織將文化觀光作狹義與廣義的解釋；前者，文化觀光是指個人為特定的文化動機，像是遊學團、表演藝術或文化旅遊、嘉年華會或古蹟遺址等而從事觀光的行為；後者，文化觀光包含所有人們的活動，它為了去滿足人類對多樣性的需求，並試圖藉由新知識、經驗與體驗中深化個人的文化素養。

此外，聯合國教科文組織將文化觀光定義為：一種與文化環境，包括景觀、視覺和表演藝術，以及其他特殊地區生活型態、價值傳統、事件活動與其他具創造和文化交流之過程的一種旅遊活動。

綜合上述，文化觀光被界定為：區域外來的觀光客被歷史遺跡、區域、社區或團體機構提供的全部或部分的歷史的、美感的、藝術的、科學的、知識的、情感的、心理的或生活的不同形式的活動與經驗等面向的東西所感動。

二、飲食文化觀光

餐飲觀光（food and beverage tourism）是展示當地產物及刺激觀光需求的方法（Plummer et al., 2005），逐漸被認為是觀光市場重要的一部分。餐飲也常被用來行銷觀光地，如同節慶與嘉年華一樣可增加觀光客吸引力（Hall & Macionis, 1998）。近年來台灣利用當地特色名產所發展的特色飲食，積極推展節慶觀光，餐飲觀光便扮演著非常重要的角色，如「屏東鮪魚季」、「白河蓮花節」與「苗栗客家美食節」等。前美國餐廳協會（National Restaurant Association）理事長Elmont（1995）也曾在哈佛大學的演講中談到「政府在開發時應該同時考慮國際觀光，而飲食的服務卻是發展中不可被低估的」。日本以釀酒廠的清酒（Sake）之旅來吸引觀光客。德國慕尼黑啤酒節是國際知名的節慶，從1810年以來迄今已舉辦一百七十二屆，此活動帶動9月中到10月初德國的觀光人潮。根據觀光局2000年的調查統計，飯店業的收入約有三分之二來自餐飲部門，而餐飲部門中收入的大宗即為宴會廳，其占總餐飲的收入約為40%～80%之強。由此可見，餐飲可以帶來的不僅是產業觀光的推廣，同時也可以活動帶來觀光人潮，是觀光旅遊的重要體驗活動。而餐飲長久以來也被認為是觀光客體驗的重要內容，因在觀光過程中三分之一的花費是與食物有關，故餐飲與觀光間的連結性非常高。

三、宗教觀光

根據梵諦岡所做的定義，宗教觀光為「於其所轄範圍內，凡與信仰有關的宗教聖地，無論大小規模，所提供的服務與宗教或非宗教性訪客相關者，皆屬於宗教觀光的範疇」（Lefeuvre, 1980）。Vukonic'在1996年的著作中，針對觀光與宗教作了概念上的論述，尤其針對朝聖者的精神生活與休閒時間、宗教觀光客的動機與旅程，提出許多基本的理論，並探討宗教觀光帶來的經濟效益（Vukonic', 1996）。Timothy與Olsen在2006年則針對宗教觀光的特性、宗教觀光對於宗教地的經濟效益與負面衝擊、聖地的管理與永續發展、朝聖者的分類四個研究領域，作更進一步深入的探討（Timothy & Olsen, 2006）。宗教觀光對於一地吸引外來遊客，可滿足信仰該宗教的朝聖者對於宗教信仰的精神層面需求，對於非信仰者但對地方文化有興趣者，也可提供文化層面的深度旅遊，宗教文化的節慶活動，則可對於一般團體旅客產生吸引力，或者亦可以宗教的寧靜修練儀式，提供給一般遊客精神層面的休閒效益，總之，宗教觀光可同時滿足遊客對於精神信仰、節慶活動、傳統文化、休閒效益四大部分的需求。

台灣的發展歷程之特殊性，造就了台灣在宗教信仰上的多元與包容，中西內外宗教文化在台灣同時可見，在華人社會中，保存更完整的地方宗教文化。以宗教為主題所舉辦的節慶活動，需結合聖地，亦即與特定廟宇、地方結合，因此以宗教為主題所舉辦之節慶活動，更容易具有地方特色，不易被模仿、取代。台灣具特色的宗教節慶活動，至少包括具有台灣地方特色的八家將、地方祭祀圈的繞境活動；中國閩南沿海特有的媽祖出巡信仰活動；與中國民俗活動及道教文化結合的農曆7月整個月份的中元節系列活動；佛教體系幾個重要分支，如佛光山、中台、慈濟系統，也都吸引信仰者，自各地前往該聖地朝聖；此四個不同空間層次之宗教與民俗活動，在台灣都保存完整並持續發展。因此，台灣發展宗教觀光，藉由宗教相關各種活動（events）與觀光吸引物（tourist attraction），將可吸引本國籍與外籍旅客，無論是否有宗教信仰，都可以在台灣透過參與宗教觀光，進行深度旅遊，增加台灣觀光市場的成長。

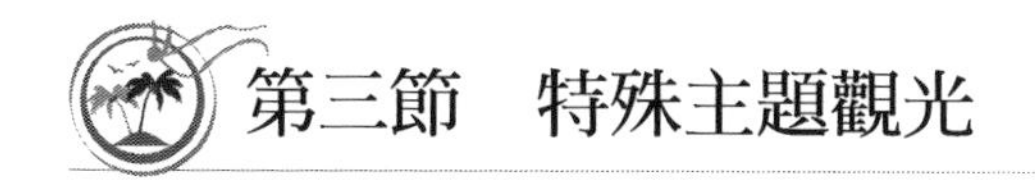

第三節　特殊主題觀光

由於大眾旅遊市場的競爭激烈，社會民眾旅遊需求的多樣化，旅遊品質與價值的提升，益顯得重要。旅遊業者為滿足遊客特殊需求，逐漸注重小眾市場，推出專為消費者量身打造的旅遊產品，稱之「特殊興趣觀光」或稱「特殊主題旅遊」（Special Interest Tourism, SIT或theme tours）。例如：紐西蘭觀光局曾於1999年推出「100%完全純淨紐西蘭」之八大主題旅遊產品，市場反應良好，遊客成長了10%（單汝誠，2001）；馬來西亞觀光局於2001年推出生態、島嶼、賽車等主題旅遊產品，提供外人至馬來西亞之各種旅遊選擇（齊佑誠，2001）；安藤忠雄大師曾於2007年6月9日於台北小巨蛋舉行的個人公益演講會，以個人的魅力遽然湧入了一萬二千多名聽眾（商業周刊1021期，2007），顯示特殊主題旅遊的市場已有逐步擴大的趨勢。以下將針對醫療與保健觀光、運動觀光（sport tourism）、音樂觀光及生態觀光（ecotourism，又稱綠色觀光）作進一步說明。

一、醫療與保健觀光

近年來福祉（well-being）的觀念一直備受重視，利用度假為增進健康的方式，不僅是透過逃離日常無聊工作以投入良好氣候、環境或飲用了當地的好水，更可能是主動地透過某些醫療行為取代被動的感受。健康觀光（health tourism）（Garcia-Altes, 2005）定義為有關健康的相關觀光活動，其中則包含了醫療觀光（旅遊）（medical tourism）與保健觀光〔或稱福祉觀光（wellness tourism）〕兩大部分。醫療觀光為個體涉入特定的醫療行為，界定為人們在假期中遠離國家到海外獲得醫療、牙齒或手術照護。這幾年由於西方國家醫療費用昂貴、候診時間過久，而海外機票價錢合理化與戰後嬰兒潮的老化，已加速促成海外就醫而使醫療觀光蓬勃發展。而保健觀光則是一般遊客為了提升生活品質或追求身心舒暢等保健目的，而從事氣功、能量、養身或SPA等特定之旅，範圍更廣，不單只是醫療行為之目的。

根據美國「觀光醫療完全手冊」預估，全球觀光醫療產業之產值將達400億美元。2007年，以亞太地區觀光醫療為例，大約有一百萬外國人次前往泰國、四十萬外國人次前往馬來西亞、三十五萬外國人次前往新加坡、十八萬外國人次前往印度等國家接受治療。產值方面，比較泰國、印度、新加坡、菲律賓、馬來西亞等國家之2007年至2012年觀光醫療產值發現，每一國皆呈現大幅度的正成長，例如泰國從2005年的11億美元，至2012年成長為將近兩倍的21億美元。衛生署日前完成「醫療服務國際化旗艦計畫草案」，將爭取外國人到台灣醫療消費。衛生署預計在三年內輔導十家醫院提供國際醫療服務，估計可提供十萬人次服務，增加新台幣70億元的效益，並可誘發民間投資68億元，提供3,500人次的就業機會。

在醫療觀光發展上，地處亞洲的我國，雖具有醫學上的強力優勢，但在國際的知名度仍非常有限，亦即尚未名列觀光醫療發達國家之列。在保健觀光上，除了少數飯店推出SPA療程，以「療癒之旅」吸引日本觀光遊客，但台灣特有的氣功、能量療法、中醫養生均尚未發展為觀光套裝。在東南亞的印度與斯里蘭卡發展了結合印度醫學的阿育吠陀療法（Ayurveda Therapy），此法先由醫師診斷，並加以瑜伽靜坐、精油、按摩與食療進行一週到一個月的療程，每年均吸引大量的歐美人士，而歐美國家的健康保險也給付海外醫療或保健觀光的費用。

二、運動觀光

運動觀光之定義為個人或團體離開自家範圍旅遊，並主動參與運動、觀賞運動或參觀嚮往已久之著名運動相關景點。運動觀光被視為全球觀光旅遊產業成長最為快速的市場，根據Sport Business公司資料，2003年全球運動觀光市場約為510億美元，占全球觀光市場的10%，而每年市場將以10%快速成長，目前工業化國家運動觀光對於國民生產毛額（GDP）的貢獻約為1%～2%。由於運動觀光市場前景隨著全球旅遊人口增加，配合上運動賽事或活動帶給遊客身歷其境的經驗而快速發展，其所引發的經濟活動前景使得全球各大城市、區域與國家，期望藉由舉辦運動賽事來吸引全球觀光人潮。

國內運動觀光賽會成長快速，由近年來大型運動賽會舉辦可看出其成長，例如中華汽車國際馬拉松、世界盃棒球賽、太魯閣國際馬拉松、台北國際超級馬拉松、曾文水庫世界盃超級馬拉松、日月潭馬拉松泳賽、國際名校划船賽、瓊斯盃國際籃球邀請賽、捷安特自行車環台賽、世界盃撞球錦標賽、統一盃國際鐵人三項比賽、秀姑巒溪國際泛舟賽以及將於2009年在高雄舉辦之世界運動會等國際大型賽會。黃金柱等（1999）指出這些透過運動賽會舉辦都跨越了國際與文化的界線，吸引各地觀眾與運動迷前往觀賞或是參加活動，皆可為舉辦地帶來相當可觀的人潮，無形的塑造出運動觀光產業的發展（江中皓，2002）。

三、音樂觀光

音樂是世界通用的語言，長久以來在世界各地以不同形式呈現與被欣賞（Bennett & Peterson, 2004），並漸漸成為發展地區特殊觀光的主題（Gibson & Connell, 2004）。提到莫札特，便容易聯想到奧地利薩爾茲堡從中世紀古老保存至今的教堂等美麗建築，以及風光明媚的山水景色，每年的音樂節更是吸引無數的觀光客前往朝聖。提到一流的音樂會，便容易聯想到吸引無數古典樂迷朝聖的紐約林肯中心、爵士樂的故鄉紐奧爾良、披頭四的發源地利物浦。這些成功且深植人心的音樂與地區之結合，不斷地為這些國家帶來源源不絕的外國觀光客及觀光商機。

這些在西方國家已發展成熟的觀光形式，已漸漸於開發中國家流行（Gibson & Connell, 2004）。台灣和鄰近的日本、韓國等亞洲國家，根據文化背景發展不同且多元的音樂活動。除了無數大型音樂祭、主題音樂節，也出現許多結合地方特殊地理或是文化民情的音樂觀光活動，例如：因大都市的交通便利，日本的寶塚歌舞團、能樂堂，或是常設的韓國傳統藝術公演「PAN」、亂打秀Nanta，使觀光客可以相當輕易的接觸當地音樂活動。而離開大都市，也可參加許多具有各地特殊人文風貌的傳統音樂活動。

台灣特殊的島國地理位置、多元族群的歷史背景，加上亞洲及西方文化的影響，發展出獨特的多元文化特質。台灣氣候宜人、交通便利、充滿人情味，及引以為傲的美食，已具備吸引觀光客的必要條件。若能發展出區隔於日本、韓國的音樂觀光特色與策略，將有助於我國觀光產業的提升。其一，台灣的電子科技產業基礎，可利於發展「結合數位科技與流行都會元素之音樂展演活動」；其二，台灣特有的鄉村風貌，可作為發展「結合農村地景與地方特色之音樂節慶規劃或音樂藝品創作」，營造出台灣都會區與鄉村的不同觀光風貌，創造出不同興趣屬性的觀光人口。

四、生態觀光（又稱綠色觀光）

過去社會上普遍認為觀光是無煙囪工業，大多肯定觀光發展可以增加當地居民的收入、促進地方繁榮、改善地方建設及提高生活品質，然而隨著觀光遊憩活動蓬勃發展的同時，許多資源因毫無限制、急功近利的開發，使得當地環境遭受損害，不僅遊憩品質急劇下降外，對環境亦造成難以彌補的傷害，並危及整個觀光遊憩區的永續發展。根據1982年由聯合國大會所通過的「世界自然憲章」（World Charter for Nature），憲章內明確的揭示：人類是屬於自然的一部分，人類應深知文明根源於自然，它塑造了人類的文化，並影響了所有藝術和科學的成就，且與自然協調一致的人類生活，將賦予人類在開發創造力和休閒娛樂方面的最佳基礎，雖說該憲章是以環境倫理之精神為主軸，但也指出維護自然資源是帶給人類休閒娛樂的根本。而世界觀光旅遊委員會（World Travel and Tourism Council, WTTC）的環境準則（WTTC Environmental Guidelines）更揭示一個乾淨、健康的環境是未來觀光事業成長所必須的，且是旅遊及觀光產品之核心所在。

(一)生態觀光的定義

生態觀光有許多同義的名詞，包括「綠色觀光」（green tourism）、「另類觀光」（alternative tourism）、「親近環境觀光」（environmental friendly tourism）、「低衝擊的觀光」（low impact tourism）、「軟性觀光」（soft tourism）及「責任觀光」（responsible tourism）等。現今的學者多以生態觀光一詞，涵蓋連結觀光和自然的活動方式（朱芝緯，2000）。國內外學者對生態觀光的定義紛歧；本研究歸納各學者的研究將生態觀光的定義歸納成四種特色，包括：(1)以自然及文化資源為其發展基礎；(2)特殊的旅遊目的；(3)永續發展及對當地社區有貢獻；(4)保育及環境教育的概念。將生態觀光定義為「是一種結合休閒活動、深度體驗與知性教育的小規模觀光旅遊模式，生態旅遊的內涵在藉由旅遊活動達到自然生態保育、地方住民福祉為目標者，則可歸為生態觀光」（賴柏欣，2002）。

(二)生態觀光的特性與類型

生態觀光這種新型態的觀光旅遊活動，著重在區域性資源的知性化與地區文化的多樣化，並特別強調在儘量不改變當地資源與居民生活的原始狀態下，讓遊客體驗未經觀光化的遊憩活動，並帶動當地之經濟效益。學者Moore與Carter認為生態觀光成長的原因包括：大眾的環境意識普遍提升、大眾媒體對自然區域的擴大報導、可獲得與城市取向的旅遊活截然不同的滿意度、觀光遊憩事業及專業活動的持續成長，及傳統目的地的飽和與第三世界國家的近期旅遊業發展。且根據世界觀光組織在1996年所公布的數據顯示出，一般觀光市場的年成長率為4%～5%，文化觀光的成長率卻有10%～15%，生態觀光的市場成長率更高達25%～30%（Hassan, 2000），更有學者推測生態旅遊者的喜好會是代表市場上的主流（Wight, 1997）。中華民國戶外遊憩學會（1997）認為未來我國國民旅遊的趨勢之一即是崇尚自然與原野型態的方式，因此，為了順應世界這股生態觀光的潮流，我國政府也將西元2002年明定為「生態旅遊年」，鼓勵及提倡此類以生態為基礎的觀光旅遊方式，由此可知生態觀光市場的潛力，也讓我們更應加重視及探討此類市場的特質。

日本在1970 年代的高度經濟發展後，農山村人口外流，形成過疏化的現象，導致農山村產業衰退；但是另一方面，卻也因為許多農山村因為開發遲緩而具有豐富的環境生態資源及自然景觀，其歷史文化財等觀光資源亦獲得良好保存。近年來地方政府成功的推動造鎮計畫，有效的吸引遊客前往，而振興了地方農業的發展。2004 年日本提出「Yokoso Japan!」的觀光客倍增計畫，其中綠色觀光就扮演了重要的角色，使訪日的外國遊客首度突破八百萬人。日本農村透過發展綠色觀光的過程中，利用當地特有的食材與農產品，除了可以提供地方傳統美食外，更發展利用地方食材加工，創造出新的產品，使農家由一級產業逐漸轉為三級產業，並配合日本政府的觀光客倍增計畫，使其綠色觀光國際化，為地方創造出更多的經濟發展。

日本農林水產省在2003年，針對都市與農山漁村共生的綠色觀光交流情況作一調查，其在發展綠色觀光的地方資源中，被運用的地方資源為：「農林水產物」占75.9%為最高，其次為「農山漁村的景觀」占54.7%，「山林」占47.7%，「農地」（含水路等農業用設施）占46.2%。在周邊地區可利用的設施為：「當地農林水產的直銷所」占64.8%為最高，其次是「農業公園、森林公園、海水浴場等體驗農山漁村自然的設施」占47.6%，「觀光農園、市民農園、釣場等體驗農林漁業的設施」占41.3%。

台灣農業發展情況與日本類似，近年來農業生產也受到貿易自由化影響、農業人口減少等因素，政府也實行各項休閒農業政策，如一鄉一休閒農漁園區計畫，使得許多地方開始發展休閒農業，希望為農業發展打開一條新道路。近年來國內休閒風氣漸開，都會區民眾利用假期湧入鄉間野外，從事郊遊踏青活動頗為普遍。地方政府亦多能掌握此一趨勢，舉辦種種各具特色的民俗文化與農特產節慶等產業文化活動，藉以廣招外地遊客前來消費採購，不但活絡了當地經濟，也促進都市民眾與農村民眾之間的交流，對發展農村經濟與縮短城鄉差距，實不失為一良好的政策。換言之，即將一級產業融入二、三級產業之經濟發展的另一思考方向，既可促銷當地農產品，亦可增進當地觀光產業的發展。

台灣的自然景觀資源與亞洲各國相比並不顯得特別有魅力，而以文化或者古蹟遺產來吸引觀光客又比不上歷史悠久的中國大陸。交通部觀光局曾經針對海外來台觀光客調查提出，台灣最吸引人的地方在於人情味與小吃；過去也有學者提到以台灣進步的醫療技術來發展醫療或者養生觀光，吸引海外人士到台灣從事健康檢查或醫療美容，可以與台灣的好山好水作結合；台灣的農村景觀與農特產品在亞洲地區也頗負盛名，日本綠色觀光的推動學者佐藤誠亦曾說過，農村主人的人情味與親手做的食物，是旅遊中最讓人難以忘懷的；台灣在2009年將主辦國際聽障奧運與世運，藉由舉辦運動賽事帶來龐大經濟商機並提升主辦國的國際形象，因應賽事所建造的相關軟硬體又可成為提高生活品質的基礎建設，也是台灣未來走向國際舞台的重要方法；台灣特有的音樂與宗教文化，以及堪稱華人世界典範的風俗民情，也是吸引海外人士觀光的主要元素。

第四節　個案與問題討論

……就像是一個人站在時空記憶的長廊上回首眺望遙遠的兒時生活，

因為那是生命開始的地方，

記憶最初的時候。

人格養成最初的空間。

一個無法再回去的時空，卻影響了整個人生。……（乜寇．索克魯曼，2008/3/4）

〈給摯友的一封信：談觀光〉

親愛的　徽

我的筆，無法動了。我遲遲難以動筆說明，有關妳突然問起觀光的意義。

如果你願意相信，這會是認識觀光背後的引線，只是，如何能被你我所討論？因為走過，我更能夠懂這群愛旅行的人，心裡渴求的會是什麼？不只是對自我的歸屬感、對國家的認同感，那是對整個世界、地球的歸屬與認同，妳能瞭解「旅行最大的發現不是美景，而是自己；在異文化裡最重要的探索對象不是別人怎麼生活，而是自己為何會有這樣的反應。」（廖和敏，1999，頁109）這段話嗎？

如果觀光旅行，無法觸動心弦，那麼在這些繁華城市、自然山野、文化古城所有空間的游移，我寧可相信，那種「一生一會」過程裡的真誠，領隊、導遊可以媒介給我去知道：另一種異於自己熟悉的生活模式，也可以讓我去知道：那些異於自己熟悉的生活模式背後，傳承了怎麼樣的智慧與文化。當我第一次見到那種執著於不求回饋的付出，全神貫注地投入在生活的時候，那種動容無法用言語來訴說。

就像曾經，隻身來到陌生的地方，想為不愉快的生活解套、喘息時，是大自然告訴我，即使堅如磐石，唯有日以繼晷，才得以能滴水穿石。大地不會允許妳頤指氣使，也不允許你昂頭闊步上山挑戰，只有踩上那懸崖峭壁的曲徑，步步低頭，調整呼吸，就算登上頂峰，我們仍是低著頭一步一步耕耘而來的。就像船筏飄徉在善變的大海中，不過是浮載在上頭的小小一片，而漁人也不過是「這小小一片上小小的一個點」，廖鴻基說，漁人面對多變詭譎的大海，學習「調適放棄一切立刻回到陸地的求生本能及心情……漁人必須學會承受不自主的命運，學會等待，落空，失望，或者學會如何承受難堪的狂喜……。」（廖鴻基，1996，頁26）。

不知妳是否看過：海明威和廖鴻基都曾經描寫過，那些倨傲從容的魚，上鉤後躍出水面的若是一對，自由的常會是公魚，也常會公魚見到母魚上鉤後，仍舊緊貼母魚前進，猶如與摯愛倏然面臨分離死別前刻，公魚那種不離不捨的深情，宛若在耳畔叮嚀與安慰，直到人與魚的抗爭即將進到尾聲，才肯放棄追逐。可是，殘酷的現實是——人類與魚類的戰爭還正在進行當中著，該放下私情面對「如果當作是一場戰爭，就該忘掉眼淚……」（廖鴻基，1996），倘若沒有人為我們引線，我們怎麼有機會在生態觀光裡，有所觸發——大地沒要你在大自然裡蠻橫粗魯，祂只是希望妳瞭解：孩子，該腳踏實地，謙卑待人啊！

大甲媽祖的進香繞境活動，更如是說。它從日據時代傳承至今，到了1987年突破了十餘萬人次。相信只有親身去走那一趟，身處在活動當中，妳也才會瞭解當地傳承的人文信仰與生活智慧之美，也才會尊重與保護各個族群存在的價值。1999年開始，台中縣政府推動地方文化，注意到大甲媽祖進香繞境，這等極具意義的文化活動與文化、觀光、藝術作了結合，變成漸為國內外媒體注目的「國際觀光文化節」。

那是站在夜深人靜的民俗文化現場所可自由心證的，舉凡見過每年徒步苦行八天七夜、跋涉四個縣三百多公里（台中大甲、彰化、雲林、嘉義新港）路的人，當我們提出疑惑，問道如此一味地信仰，儘管媽祖如何靈驗，那眾多祈求的人們裡，媽祖該憑藉什麼聽你說、又為何要聽你說？他們總是這樣答覆我：「媽祖很軟心的，只要你肯說，不管時間多久，她都會聽你說完的。」因為進香這一路上，即便只是順道觀光的觀光客，或是外地來的香客，食衣住行通通交給了媽祖，數也數不完的熱情招待，全都是來自各地自動自發來參與和幫忙的人，彼此相互扶助支持，每個人宛若都化身媽祖，就像自己的母親。

身體的苦行，猶如一種淨身，猶如坐在林間的文化解說員告訴我，等待是值得的，因為上帝正在考驗你，你如果想要向祂討糖果，踱步賴皮地說：「不給，我就搗蛋。」他不會同意的。除非你熬過了考驗，相信上帝不會虧待你的。只有忠誠的面對自己的感覺，事實也將坦誠相見。我以為的文化觀光，簡單的說，文化就是生活，文化觀光就是生活觀光，生態也是生活，生態觀光就是生活觀光，各地都有各地的生活，可是又如何能在習以為常的文化圈（生活圈）裡得到感動，不僅止於走馬看花的身體移動——移動在各個文化圈裡、自然生態裡。而我也願意為妳做那引線的蝴蝶。

祝福

平安 健康

問題討論

1. 請舉出各三個主題觀光季、文化觀光節、生態觀光節的代表例子，並試著分析各自的意涵所在，以及評估該活動行銷策略優缺，並試著提出改善方案，如主題觀光季，請分析活動當中的主題性與觀光性的意涵，如此類推。

第三章 旅館事業

第一節　旅館業的概況及未來發展趨勢

第二節　民宿經營概況及未來發展趨勢

第三節　汽車旅館的概況及未來展望

第四節　個案與問題討論

隨著經濟結構的變遷以及國民所得的提高，人們對休閒的需求日益增加，觀光活動的增長已成為一個全球性趨勢。依據世界旅遊觀光委員會（WTTC）的分析報告發現，全球觀光產值（travel and tourism economy）約占全世界GDP的10.3%，可見，觀光產業在單一國家之經濟表現中，占有舉足輕重之地位。且觀光產業被視為是二十一世紀之明星產業，除了可為該國創造就業機會及賺取外匯外，亦對地方社會經濟發展扮演重要角色。而旅館事業是觀光產業服務設施中最為重要的一項構成要素（McIntosh, Geoldner & Ritchie, 1995）。因為旅館是旅遊者在旅遊區域的活動基地，而且在旅遊六大要素（食、宿、行、遊、購、娛）中，食、宿兩項主要在飯店內進行（許京生，2004），有時旅館亦提供購物與娛樂之活動。旅館是遊客到達旅遊目的地時最先抵達的地方；所以旅館也可說是旅行者的家外之家（home away from home ）。而就現今台灣的旅館發展歷程來看，不論在營業規模與經營形態，都隨著經濟多元發展而成長，各式各樣的旅館有如雨後春筍般的快速發展。依據「發展觀光條例」，目前國內的住宿業按其等級可分為：國際觀光旅館、一般旅（賓）館、民宿。另外，在國際觀光旅館之客群是以商務客、城市觀光之旅客為主，而一般旅館、賓館（包括汽車旅館）則多位於城市內，主要是解決一般人之休息與住宿需求，而民宿之客群則以目的地旅遊之遊客為主。因此，本章將先瞭解我國旅館業的概況及未來發展趨勢，進而介紹現今最夯的民宿產業及汽車旅館業。

第一節　旅館業的概況及未來發展趨勢

近年來，台灣地區因經貿活動熱絡以及科技發達，旅館業的發展已達到相當的規模。而台灣觀光旅館產業的發展，從早期的傳統旅社時期（1945-1955）、觀光旅館發軔時期（1956-1963）、國際觀光旅館成長期（1964-1976）、大型國際觀光旅館發展期（1977-1981），到後來的整頓時期（1981-1983）、重視餐飲時期（1984-1989）、國際連鎖旅館時期（1990-1997）至現在之國內連鎖旅館時期（1998-迄今）（黃應豪，1994）。並且在這段期間內，交通部觀光局為了制定觀光旅館業之管理規則，將台灣地區的旅館業區分為觀光旅館業及一般旅館業；其中又將觀光旅館業再區分為國際觀光旅館與一般觀光旅館。除此之外，為了順應國際趨勢，特將觀光旅館等級，由過去評鑑標識採「梅花」標識，改成為國際上較普遍之「星級」標識。

此外，根據觀光局2009年2月之統計資料顯示，台灣地區觀光旅館共有93家，客房數為21,695間，其中國際觀光旅館63家，客房數為18,396 間；一般觀光旅館30家，客房數為3,570間。另外，一般旅館共有2,678家，客房數共有105,333間；其中台灣首善之都台北地區的國際觀光飯店就占了23家，房間數共7,786間，占國際觀光飯店總房間數的42.32%（交通部觀光局，2009）。而這些國際觀光飯店當中不乏有國際知名的連鎖旅館集團品牌經營，例如最早期的國際希爾頓（Hilton）集團於1973年於台北火車站附近成立了希爾頓大飯店，現已解約，2002年底改由凱撒飯店連鎖集團（Cesar Park Hotels & Resorts）負責經營，再者諸如過去的來來大飯店先後加入日本大倉Okura集團、香格里拉Shangri-La集團，現在已由喜來登酒店集團（Sheraton Hotel & Resorts）系統經營。另外還有六福皇宮的威斯汀飯店集團（Westin Hotel & Resorts），福朋喜來登飯店集團（Sheraton Four Point集團），台北老爺酒店（日航Nikko Hotels International管理集團），台北君悅大飯店（君悅Hyatt Corporation國際連鎖集團），台北晶華酒店（麗晶Regent酒店集團）現已改為晶華酒店集團（Grand Formosa Hotel Groups）管理，台北力霸皇冠大飯店（Crowne Plaza飯店集團），台北環亞大飯店（假日飯店Holiday Inn連鎖集團，2006年中已解約）現已改為台北盛世王朝大飯店，台北遠東大飯店（香格里拉酒店Shangri-La集團），華泰、劍湖山、耐斯（王子大飯店Prince連鎖系統）等。此外，台灣境內所發展出的國內飯店連鎖則有：福華大飯店集團（Howard Hotels, Resorts & Suites）、麗緻飯店管理系統（Landis Hotels & Resorts）、老爺酒店集團（Hotel Royal Group）、國賓飯店（Ambassador Hotels）以及圓山飯店（Grand Hotels）、長榮酒店國際連鎖集團（Evergreen International Hotels）、中信旅館系統（Chinatrust Hotels）、金典酒店等。

但是旅館產業的未來，主要決定於世界的政治、經濟變化與國際的旅遊趨勢。尤其現在的旅遊市場已逐漸走向全球化，旅館業在面對競爭日趨激烈之環境下，若不能事先預期未來發展趨勢，而提早做準備的話，那麼現在許多的辛勤努力，將會變得徒勞無功。因此，以下將針對旅館業未來發展趨勢作進一步說明：

一、國際化、連鎖化的經營

現代的消費者有著比以往更成熟、更聰明的消費行為，尤其隨著科技的快速發達，資訊得以藉由電視、電話、傳真、網際網路等工具，快速的傳播到世界的每一個角落。加上交通運輸的便捷，企業發展國際化已是全球新趨勢，也因為如此，現今的台灣旅館市場已有許多家的國際知名旅館品牌進駐，如：君悅飯店（Grand Hyatt Hotel）、威斯汀飯店集團、喜來登酒店集團等，使得原本已相當競爭的旅館業，變得更為激烈。此外，也有超過二分之一的旅館業者認為，旅館以連鎖的方式經營是一個未來的趨勢。所以，為了因應國際連鎖旅館所帶來的挑戰及壓力，有些獨資的小旅館勢必以合併經營，或加盟連鎖品牌，或委託經營管理等方式下，才有競爭力與其他業者相抗衡。但相對地，旅館業不應只將目標設定在台灣而已，更應踏出國門作跨國的經營或投資，這樣才能有效擴大其企業版圖及成長。因此，未來的旅館業應建立一套完整的經營、管理及策略制定系統，以面臨國際化經營所帶來的嚴格考驗。

二、注重會議展覽及獎勵旅遊市場

近些年來，受到全球景氣不佳與產業外移的影響，我國的產業結構已蛻變為以服務業為主的產業型態。依據行政院主計處統計，2004年我國服務業占國內生產毛額（GDP）比重已經高達68.72%（行政院主計處，2004），由此可見得服務業在國家經濟發展之重要性。而會議展覽服務業（MICE）是眾多服務業中的一環，也是行政院近年來「挑戰2008國家發展重點計畫」積極推動的項目之一；其主要服務範圍包括：Meeting指的是一般會議，也就是企業界的會議；Incentive獎勵旅遊，就是各公司、工廠獎勵他們的員工或下游經銷商的旅遊；Convention是指比較中大型的會議；Exhibition是指展覽的部分（台北市政府觀光委員會，2005），是一種高附加價值產業，不僅能帶動當地觀光、航空運輸、飯店、會議公司及展覽等相關產業發展，更足以增加就業機率、促進地方經濟繁榮。而在MICE產業中，團體商務獎勵旅遊最常見的如保險公司、直銷商等大型企業拿來作為慰勞優秀人才的獎勵活動。如何聚才、留才、惜才是企業一向的重要課題，除了提供符合市場行情的合理報酬、愉快工作氣氛等基本條件外，若再能設計幾個帶點競賽味道的獎勵活動，肯定能激發員工的旺盛戰鬥力，帶動企業向上的業績發展！企業主同時也希望能藉由獎勵旅遊活動來強化與溝通企業文化、凝聚同仁向心力。

另外，根據香港展覽會議業協會所提供的統計顯示，1999年會議展覽業為香港帶來的收入已超過10億美元，其中約2億美元是會議展覽業本身的收入，其餘的8億美元則是會議展覽活動所帶來的其他相關行業收入。同樣地，赴香港參觀會議展覽人士平均停留天數為五天，每天平均在零售及娛樂方面的消費，估計是一般觀光客及本地市民的兩倍及十三倍。而在香港會議展覽相關行業中以酒店業的受益最大。此外，學者Hing也指出，光亞太地區，會議展覽旅遊市場於1980年至1996年之間就成長了124%（Hing, McCabe, Lewis & Leiper, 1998）。由此可見，會議展覽產業所產生的社會效益，不僅能帶動當地觀光、航空運輸、旅館、會議公司及展覽等相關產業發展，還能增加就業機率並促進經濟繁榮。

三、專業人才的培訓及人力資源的運用

旅館業是一傳統的勞力密集的服務性產業，旅館的員工不僅是服務的製造者，更是旅館所提供產品的一部分。然而台灣旅館業雖然擁有現代化的硬體設備，但在服務品質一致性上，卻因為員工的高流動率而遭遇到極大的難題。另外，長期以來，旅館業一直有著欠缺專業管理人才的問題，而這個問題在近期內似乎也很難獲得大幅度的改善。雖然說近年來台灣設有餐旅相關科系的大專院校，所實施的學制也包含有：二專、二技、四技、大學及研究所，且目前仍有多所技職校院尚在申設餐旅相關科系。但如果想要擁有更多的優秀人才加入餐旅業的行列，就勢必再加強旅館業的整體形象。尤其旅館業應該給予中階管理人員更多的在職訓練、跨部門訓練、專業的人力資源管理、行銷管理及財務管理等訓練，以培育更多的優秀高階管理人才。此外，旅館業更應提供暢通的升遷管道和優惠的員工福利，才會有助於解決人力短缺的問題。另外，受到全球化的影響，國際連鎖旅館及股票上市的旅館，都非常注重預算管理以及營運的預估。因此，相較於以往，未來的旅館管理人應更需具備會計及財務規劃的能力。

四、能源管理，環保旅館

近些年來，能源的再生及環保的議題一直被國際間重視。同樣地，在旅館營運方面，業者對於環境議題之關心亦有日漸增加的趨勢。因為不論旅館規模大小，均會對環境帶來或多或少的影響，例如在營運時所釋放出的廢水、廢氣及廢棄物等都會對環境造成衝擊。因此有學者指出，若綠建築之概念能引進旅館飯店，其不僅可減少資源消耗，還可以降低營運成本並提高長期企業之利益（Gunter, 2005）。另外，根據美國汽車協會（American Automobile Association, AAA）調查報告指出，旅館飯店對環境友善，或是具有綠色設施等項目，是顧客在選擇旅館的前十大指標之一（Sheehan, 2005），況且旅館飯店是以環境特色為出發點，不僅可達到環境保護、生態永續之效，還可以藉此提升其企業形象和市場上之競爭力；更甚者，可以藉此概念進行綠色行銷，吸引具有認同此經營理念之顧客前往消費。所以為了提升社會環保意識和節能觀念，有些業者紛紛開始推行「環保旅館」概念。而所謂的「環保旅館」概念，即意指旅館在硬體設備和軟體服務上均投入更多環保的材料與概念，使其對生態環境污染衝擊減到最小、對環境資源使用量最少、對員工與顧客健康最有益。因此，未來將此綠建築與環境永續之概念導入旅館的營運，實有其助益性與必要性。

最後，在此建議未來以及現有的旅館業從業人員，必須拋開舊有的反應及思考機制，改以更前瞻的眼光與思維來迎接新的挑戰及新的契機。尤其現今的旅館產業已無國界的限制，若我們還在原地踏步，或有一點成績就沾沾自喜的話，那麼最後的勝利是永遠不會到來的。因此，我們衷心期盼，未來的旅館產業可以引領著我們走向更光明的遠景。

專欄三　民宿休閒產業經營機會與技術

從先進國家的發展趨勢和軌跡來看，台灣觀光服務業的發展，仍然有相當大機會，尤其近年來民宿休閒產業的興起，反應出遊客希望脫離很觀光化和商業化的制式旅遊產品和服務。這對於有興趣經營民宿或是已經經營民宿的人來說，這是一個相當好的機會。因為現在的風土旅遊和鄉村民宿的接待，正成為一種新的需求，以內需市場而言，台灣的人口密度高，鄉村旅遊將是未來的旅遊發展的新寵，尤其許多小鎮將發展出各具特色的民宿，伴隨著對生活品味的追求和旅遊休閒的提升，小鎮深度旅遊和地方特色民宿的結合將是一種不可抵擋的趨勢。

另外就國際市場來看，台灣觀光產業的發展，導致國外旅客來台的旅遊人次不在少數，但觀光地區的過度發展和過度商業化觀光，並不是國外人士所喜歡的旅遊方式。再者，旅遊業界的生態並不理想，給人一種低價和利益導向的感受，並非以追求高品質和高滿意度的觀光永續發展經營。因此，民宿業者若能將台灣的自然環境資源、人文特色和鄉村產業加以包裝，加上熱情友善的待人服務，一定可以將台灣的民宿發展成為小而美、且具地方特色又深受國際人士喜愛的台灣民宿。

此外，在民宿的經營技術方面，民宿經營者的人格特質及自身所具備的基本條件是民宿經營的根本。因為經營技術是可以經由許多的管道和機會去學習和摸索的，但某些部分仍需參考學習飯店旅館業的專業、方法、知識和作業程序，然後再加以調整改良成為合適自身經營的模式與方法技術。其次，閱讀也是提升經營能力技術的根本，透過閱讀增長基本的知識，更透過閱讀開展自己的視野，一個好的民宿主人，一定要有閱讀的習慣，除了提升自己更分享自己的學習心得，當面對任何的人、事、物，才能以寬廣的心胸去面對，所謂的「腹有詩書氣自華」，民宿主人的氣質其實是很重要的。

不僅如此，民宿經營者還必須是愛玩又會玩的人，這樣子才能將生活的樂趣傳染給住宿的遊客。當然要是民宿經營者能透過旅遊學習，其實也是提升經營技術的好方法，因為旅遊本身就是一種發現和學習的過程，不但可以學習感受消費者的需求，及民宿經營者的專業與用心，還可以從中感受自己和別人不同的地方，體驗不一樣的文化美食、景觀、生活，進而可以發現自己該如何提升與改變。除此之外，最好是有機會向國外取經學習，畢竟台灣並非一個以發展觀光為主的國家，所以我們仍需向世界學習，也必須好好認識台灣。因為終身學習才是民宿主人提升經營技術最佳的方法，唯有不斷地藉由各種管道和機會增長相關的知識和經驗，才是提升民宿經營技術的捷徑。

資料來源：〈民宿創業休閒產業創業教戰手冊〉，創業圓夢網站：http://sme.moeasmea.gov.tw/SME/modules.php?name=km&file=article&sid=24&sort=topic，2004-12-28。

第二節　民宿經營概況及未來發展趨勢

「民宿」在國外是一種非常普遍的住宿型式；然而在國內則是因近幾年來人們對休閒生活的重視，加上2001年實施週休二日，以及該年12月12日通過「民宿管理辦法」後，整個民宿發展才開始備受矚目。雖然其性質和旅館一樣，都是提供消費者一個住宿的場所，但民宿所具有的特性與帶給消費者的感受是有別於旅館或飯店的。就世界各國的民宿經營發展來說，一般會依區域、地形及國情的差異，而有不同的經營模式。例如英國的B&B（Bed & Breakfast）的經營方式，是屬於「家庭式」的招待。而日本的民宿（Pension）經營方式，則是取仿英國的B&B，但與英國不同的是Pension提供一宿兩餐（早、晚餐）的收費服務，若不需準備晚餐需事先告知主人。另外，澳洲的民宿經濟模式則是以渡假農場方式為主，其住宿方式又可分為與農家成員一同居住、生活和分開居住兩種。而目前台灣的民宿有如雨後春筍般地興起，其經營方式也五花八門。因此，以下將介紹台灣現有的民宿概況以及未來的發展趨勢。

台灣民宿發展已有二十多年的歷史，若追溯最早的民宿大約是1981年左右，在墾丁國家公園附近的民間住宿（楊永盛，2003）。主要是當時墾丁地區每逢假日便發生一房難求的情況，當地居民為解決遊客住宿問題，便將家中房舍稍微整修，提供遊客住宿，民宿也就應運而生。尤其在「民宿管理辦法」公布以後，民宿的成長更是驚人，根據交通部觀光局的統計資料顯示，2003年2月份全台共計九個縣市有65家合法民宿，但是到2009年5月，全台合法民宿增加到十八個縣市2,756家，其中以花蓮縣的民宿家數最多，其次依序為南投縣、宜蘭縣及台東縣等（如**表3-1**）。

但是從資料發現，幾個重要的都市幾乎無合法民宿；其原因是民宿資格的審核較為嚴謹，只要是都市計畫區內的民宿都很難申請過關。加上過去台灣是以農立國，鄉村地區多是從事農業生產之工作，可是近些年來，台灣鄉村地區之發展如同遭受到邊緣化的效應，普遍面臨人口外移、居民老化、經濟衰退等問題。尤其2002年，台灣正式加入世界貿易組織（World Trade Organization, WTO）後，在農產品市場自由化、國際化的壓力之下，政府不得不調降農漁畜產品之進口關稅，並取消限地區進口及削減境內補貼等保護措施，但相形之下，卻使得台灣農業的發展受到極大之限制，迫使這些農民不得不面臨轉型及重新定位未來之樞紐。因此，政府為了減緩因產業轉型及加入WTO對農業所造成之衝擊，特將「休閒農業」列為農業施政重點之一，並在「休閒農漁園區」計畫中，期望將傳統農業從一級產業改為以服務顧客為導向，提供田園景觀、農家生活、農村文化等的三級產業。同時希望當地居民以自力發展及創造在地就業機會的模式，去整合鄉村

表3-1 2009年5月份民宿家數、房間數統計表

縣市別	合法民宿		未合法民宿		小計	
	家數	房間數	家數	房間數	家數	房間數
台北縣	85	339	57	374	142	713
桃園縣	22	97	13	51	35	148
新竹縣	40	165	27	88	67	253
苗栗縣	156	564	3	3	159	567
台中縣	36	124	6	27	42	151
南投縣	442	2,143	125	820	567	2,963
彰化縣	17	69	1	14	18	83
雲林縣	46	193	13	47	59	240
嘉義縣	82	280	61	317	143	597
台南縣	46	191	0	0	46	191
高雄縣	53	215	16	81	69	296
屏東縣	76	340	51	379	127	719
宜蘭縣	428	1,673	72	376	500	2,049
花蓮縣	731	2,560	15	67	746	2,627
台東縣	288	1,133	6	17	294	1150
澎湖縣	146	621	3	14	149	635
金門縣	47	222	0	0	47	222
連江縣	15	69	10	76	25	145
總　計	2,756	10,998	479	2,751	3,235	13,749

資料來源：交通部觀光局（2008），http://admin.taiwan.net.tw/statistics/month_show.asp?selno=55&selyear=2009&selmonth=5&sikey=1。

地區的農漁產業資源，並以策略聯盟方式構成鄉鎮級休閒農漁園區，進而促進及活化鄉村地區發展之目標（鄭心儀，2005）。而鄉村地區的民宿經營剛好符合了這樣的理念，除了有秀麗的田園美景可吸引遊客到訪外，還有精緻的農村美食及農家生活體驗等機會。加上2001年「民宿管理辦法」也正式通過簡易型休閒農場或休閒農業區內之住宿設置等配套措施。這對於面臨轉型及重新定位的鄉村地區而言，民宿的發展可說是一種優質的轉型。

然而，僅靠一般的民宿經營是不足以滿足現在的消費者，尤其週休二日開始實施以後，國人出遊的機會與次數相對的增加，對住宿的品質及要求也就越來越高。加上近年來有不少業者將文化特色、建築風格、園藝、室內設計、創作、繪畫、雕刻、藝術、工藝、音樂、花藝、燈光、布置、美食、情境塑造、健康、生態園區、活動體驗等各式的生活創意和民宿經營結合，除了提供房間住宿外，更重要的是加上很多屋主本身的文化創意，讓民宿成為推廣創意生活的場所，也是生活創意學苑（吳乾正，2006）。而如此的創意民宿風潮興起，使得遊客對民宿的認知與要求，超越以往民宿給人次於飯店選擇的印象。特別是現在有很多的民宿業者在造型上或是經營上都下了許多的功夫，例如以造型奇異的建築裝潢來招攬客源，或是以農村體驗、藝術文化、精緻美食、賞景泡湯等作為經營主題，使得民宿漸漸地被消費者所青睞。因此，依據特色民宿（黃穎捷，2007）及多位專家學者的研究後，本書將目前民宿經營之類型分類如下：

1.生活體驗型：提供旅客鄉野特殊生活體驗之住宿處所。例如：牽罟、製茶、採果、採菜、採礦、淘金等製造採收過程，能讓旅客參與並使用相關設施，並有指導解說等服務。
2.建築特色型：具有傳統性、代表性、意義性之獨特建築物或室內裝潢陳設，並能提供解說服務之住宿處所。例如：原住民傳統建築、傳統三合院、巴洛克式建築、日式平房、樹屋、船屋等建築造型之民宿。
3.地方美食型：具有地方傳統特色或自創地方特產美食小吃，廣受旅客好評，口碑佳，聲譽良好，且能配合政府推展觀光相關事業活動之住宿處所。例如：民宿附近有知名美食小吃，或是本身具有公家機關或其委託機構認證核發之餐飲烹飪證照。
4.環境資源型：周遭區域環境具有獨特、可觀性之自然環境或社會環境的觀光休憩資源，能協助旅客在當地進行環境知性之旅及學術研究之住宿處所。例如：自然景觀、地質景觀、獨特資源（如溫泉、海水浴場、溯溪、汎舟）、健行、賞鳥、名勝古蹟、茶葉博物館、陶瓷博物館、歷史建築、文化遺址、名人建物、產業文化等。

5.人文藝術型：民宿主人本身是藝術創作者，或是附近設有地方傳統文化、習俗之個人文物典藏或個人藝術創作展示場所，可提供旅客觀賞、知性之旅及學術研究之住宿處所。例如：傳統戲劇中心、三義木雕、埔里蛇窯等。

6.綜合經營型：結合上述多樣類型，將當地特殊景觀、環境、產業特色，提供獨具特色的遊憩行程及導遊解說服務，讓旅客進行知性之旅，且能配合政府推展觀光相關事業活動之住宿處所。

然而，雖有這麼多類型民宿供不同屬性之消費者選擇，但民宿業終究還是隸屬於服務業的一環。所以，除了提供多樣化類型的民宿供消費者選擇外，旅館住宿業的基本服務仍不可輕忽。因此，未來的民宿業者不僅要努力營造出自己的民宿風格外，還需積極地開發有特色的旅遊景點及設施。除此之外，在吃、住、玩方面，還要擁有高度的內涵及經驗，甚至具有精闢導覽解說的功夫及空間規劃、環境設計等專長。另外，在餐飲方面，應加強提供的能力及水準，並要隨時注意食材的變化與衛生。同時，更要以高品質及高滿意度為民宿經營目標，讓旅客在此能充分享受到休閒的情趣和賓至如歸的感覺，這麼一來才能創造出民宿本身的魅力與價值。

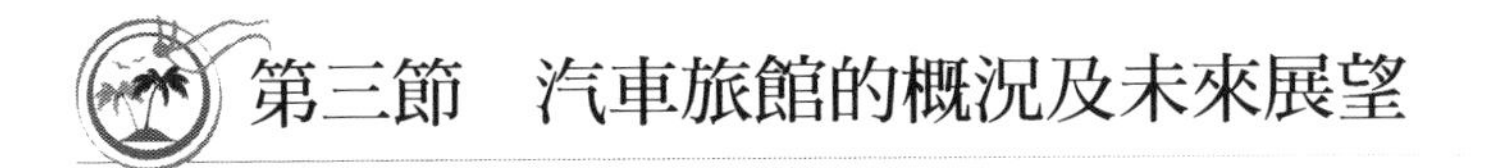

第三節　汽車旅館的概況及未來展望

隨著經濟的快速發展以及服務業占全國產業結構的比重越來越高的情況下，我們發現近年來旅館住宿業有迅速增多的趨勢，尤其是各式各樣的汽車旅館。由於汽車旅館的隱密性和房間週轉率較高，是近期旅館經營的另一種趨勢（陳銘堯，1998）。

然而說起台灣的汽車旅館發展，相信過去許多人多少都會有負面的刻板印象，總會和「援交」、「色情」之類的字眼聯想在一起。加上當時法令上沒有明顯的限制，使得不合法經營遠超過合法的業者，且政府又無法有效取締，以致於汽車旅館經營水準參差不齊。但現在可就不同，最近幾年來，台灣的汽車旅館不斷以求新求變的大膽創意、在一片不景氣中熬出頭來（蔡孟汝，2003）。目前的汽車旅館除了顛覆以往傳統的旅館形象外，內部的裝潢更是富麗堂皇，幾乎每家都標榜斥資數千萬甚至上億打造的頂級汽車旅館，不但有四十二吋以上的電漿電視、KTV等，浴室還有大型按摩浴缸、SPA蒸氣室、烤箱、溫泉等，豪華一點的還有游泳池呢！因此，以下將就台灣的汽車旅館發展的過去、現在及未來作介紹（張華正，2005）：

一、第一時期（萌芽期）：1981～1988年

台灣汽車旅館的興起，最早是由一位旅美歸國的王姓華僑於1981年在台南市的七期重劃區內所興建名為芝柏園的汽車旅館。就當時在台南市最好的旅館是台南大飯店，另外在小小方圓十公里的行政區內有百家以上的旅館旅社。而芝柏園卻選擇座落在一遍草地的七期重劃區內，且一推出時還造成當地仕紳名流及商界人士很大的騷動。主要是因為當時人們認為汽車旅館和情色文化是脫不了關係的行業，加

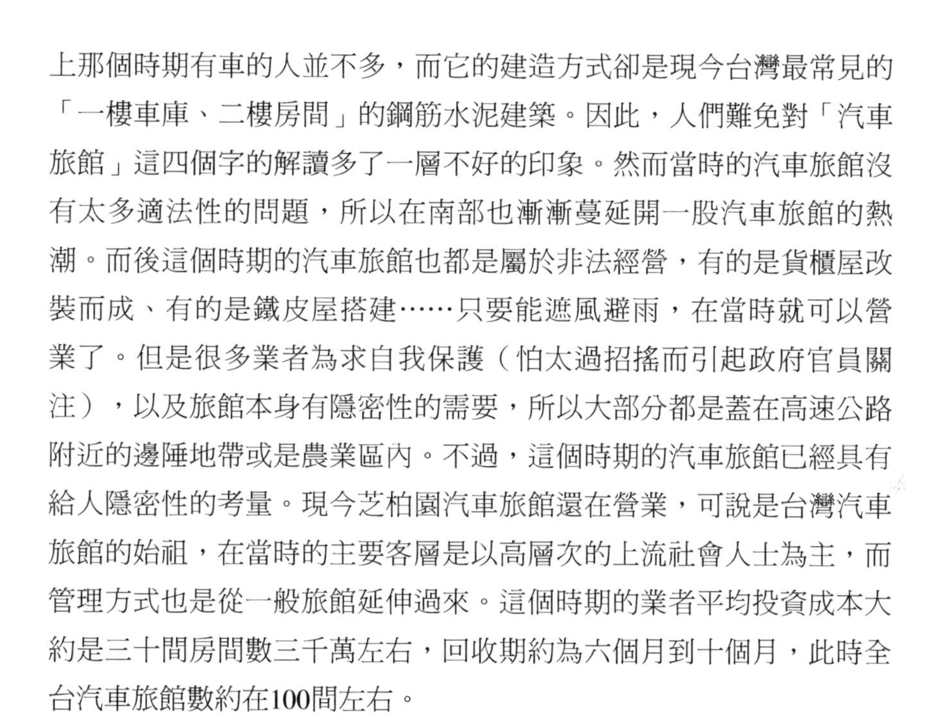

上那個時期有車的人並不多，而它的建造方式卻是現今台灣最常見的「一樓車庫、二樓房間」的鋼筋水泥建築。因此，人們難免對「汽車旅館」這四個字的解讀多了一層不好的印象。然而當時的汽車旅館沒有太多適法性的問題，所以在南部也漸漸蔓延開一股汽車旅館的熱潮。而後這個時期的汽車旅館也都是屬於非法經營，有的是貨櫃屋改裝而成、有的是鐵皮屋搭建……只要能遮風避雨，在當時就可以營業了。但是很多業者為求自我保護（怕太過招搖而引起政府官員關注），以及旅館本身有隱密性的需要，所以大部分都是蓋在高速公路附近的邊陲地帶或是農業區內。不過，這個時期的汽車旅館已經具有給人隱密性的考量。現今芝柏園汽車旅館還在營業，可說是台灣汽車旅館的始祖，在當時的主要客層是以高層次的上流社會人士為主，而管理方式也是從一般旅館延伸過來。這個時期的業者平均投資成本大約是三十間房間數三千萬左右，回收期約為六個月到十個月，此時全台汽車旅館數約在100間左右。

二、第二時期（成長期）：1988～2000年

這個時期是從1988年台中市的加洲旅館開始。主要是因為其外觀設計是仿美式易停車的汽車旅館，由於新鮮感十足，所以一度成為全省各地旅館同業考察的對象（張華正，2005）。加上部分建築業者的積極加入，以及經濟的起飛和自有車輛數目提高，使得汽車旅館如雨後春筍般的出現（張華正，2005）。可是北、中、南三地的發展，也因為地域的不同及土地取得的問題而有些紛歧，例如：南部人比較質樸，所以業者在投資時還是以回收考量為首要目的；而中部因為本身就是台灣的交通樞紐，更是新服務業大放光芒的新興都會區，所以台中不只是如此，在酒店、舞廳、賓館等特種行業也都是非常有其地方特色；至於北部發展就比較有地域性的執法尺度影響，尤其是桃園

縣拜陳水扁在台北市擔任市長期間的掃黃之賜，而有今日汽車旅館的數量規模。不過，在這個時期有幾項較重要的突破，例如：早期設立在偏遠地區的汽車旅館，現在慢慢改設在省道邊以及市區外環道上；甚至連名稱上也出現汽機車旅館、商務汽車旅館等功能差異的主題。另外，汽車旅館連鎖加盟的概念也是這個時期由南部開始有具體的實現。但最重要的是，業者因一些旅館火災之發生，開始重視適法性的問題，並積極努力的配合各項法規，朝向合法化邁進。而這個時期的汽車旅館數目約在500家左右，但因規模大小不一，所以在投資金額上也有很大的差異，不過一般的回收期大約都在二十個月以內。

三、第三時期（主題精品行銷期或成熟期）：2000～2004年

這個時期主要是以薇閣桃園館與薇字輩和周邊同等級的旅館為對象。主要是藉由許調謀董事長在建設公司的廣告行銷概念並結合其獨到創見，將汽車旅館當作是一種精緻的商品來行銷，讓以往的汽車旅館可以提升到精品旅館的境界。這個時期的發展，是將行銷概念以更具體的方式，融入在人們的生活中。例如：透過電視節目的話題炒作、出版相關的工具書、架設專門的互動網站，甚至結合情趣用品及設備。不過，這個時期所投資的案例都要高達億元以上，且回收期則需考慮市場的需求和立地環境，一般大約在二至四年間，此時期的汽車旅館數目約在650家左右。

四、第四時期（戰國時期）：2004～2006年

這個時期最具鬼魅，處處可以嗅出濃濃的火藥味。尤其當愛摩兒時尚旅館採取七星級的產品及服務，以及公開上市上櫃營業績效的政策後，愛摩兒就在競爭已達白熱化的汽車旅館產業中鶴立雞群。且為

了能夠在眾多精品旅館的市場中去尋求差異化的市場區隔，愛摩兒更是利用情愛市場的領先品牌來作為市場的立基。而在這些行銷的爭戰中，更是可以看到許多有心投入此業種的金主躍躍欲試，例如：台北戀館、大直薇閣、御庭、心墅等。另外，在台中的一級戰區，更是已經進入價格的割喉戰。根據觀光局的資料顯示2006年底全台灣汽車旅館數目約達到750家，而這些業者所興建的汽車旅館資金都是上億元以上的投資，預計可回收期約在三至五年。

五、第五時期（整合時期或產業外移時期）：2006～2010年

台灣汽車旅館市場預估在幾年後將會飽和，所以在各路人馬爭相吞食這塊大餅時，就會有市場淘汰和惡性競爭的戲碼上演。屆時勢必會將第一時期和第二時期的產品淘汰，而由第三時期和第四時期的業者來淪入價格戰及市場品牌整合的機制。因此，現在就有汽車旅館業者開始往中國大陸發展。而大陸的汽車旅館有分為以歐美模式的MOTEL（主要以上海周邊為發展，住宿收費約人民幣150～400元）以及由台灣業者前去投資的台灣版汽車旅館（主要以南京、廈門、蘇州、重慶、湖南等地，住宿收費約人民幣200～900元）兩種。目前得知薇閣已經在上海及其他城市開始陸續洽談相關事宜，也有一些建商及加油站的業主更是已經在大陸開始經營了。

未來不論汽車旅館的發展如何，但相信只要秉持著提供好的產品、好的服務、新的創意及合理的價格，並永遠站在消費者的立場來感受事物的話，那麼就不擔心遭到同業的抄襲。因為唯有企業文化的養成和發自內心的真誠服務，才是汽車旅館立於不敗的核心價值。

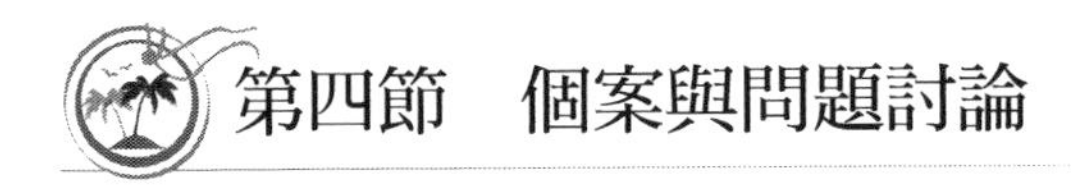

第四節　個案與問題討論

個案討論

敘述者：我　崔葦芢，住在這間穆拉姬嚕嘎拉農場的常住客

主角：陳德紵（主播）、安逆后（記者）、顏武許（農場負責人）、歐邁尬（劇團團長）

活動：芭拉芭拉吧音樂匯表演

地點：台東縣太麻里

時間：2004年12月27日

是的，我們真的必須要將畫面快速調到二十天前，穆拉姬嚕嘎拉農場200A號房的正門口（也就是2004年12月26日印尼發生海嘯的隔天），謝謝合作！

場景：穆拉姬嚕嘎拉農場200A號房內

坐在落地窗邊的客廳電視大螢幕，低音喇叭立體聲道一波波轟隆隆地，傳送著電視新聞最新報導聲——沉穩、而且在這段報導中顯得司空見慣的女聲，眼角餘光瞥見電視那頭，已經重複播放海嘯洶湧而至的實地報導畫面——

「救命啊！」「啊～天啊！天啊！誰來救救我的女兒啊！苟載子～呀啊～」一位母親滿面淚痕癱坐在鐵皮屋頂上，一手環抱著一歲大襁褓中的嬰兒，一邊心急的掩面痛哭，急切的環顧四方，望眼欲穿地看著被大海吞噬掉的女兒，哭喊……無用。

「嘖！嘖！嘖！吃飯配屍體！這裡沒水，那裡居然還水災，怎搞地……」我搖頭不屑，繼續坐在廚房木椅上想著，接著不知過了多久，那位陳德紵主播小姐又播報了……

「新聞焦點播報，昨日傍晚八點時分，位在台東縣太麻里的

穆拉姬嚕嘎拉農場發生了舞台崩塌的慘劇，將台灣芭碧拔碧現代舞匯最極具舞者風華的奧黛莉（本名歐岱伊）、黛比年拉（本名戴比花）摔斷雙腿，目前正在加護病房觀察中，還未脫離險境，其他有來自日本專門來看表演的木村拓哉夫婦也在其中，但目前無礙。參與的旅客中，有五位有腦震盪的情況，十位輕傷……，根據劇團團長歐邁尬傷心的說，對於此次事故他深感遺憾，希望這些受傷的舞群及旅客們，可以早日康復。現在鏡頭交給仍在現場的安逆后記者，安逆后～

各位觀眾您好，現場安逆后報導，今天發生這場事故非常的遺憾，先前已經訪問過農場的負責人顏武許先生，顏先生表示今天晚間八點將與劇團團長歐邁尬一起舉行記者會說明賠償及相關問題，安逆后將為您繼續追蹤。現在鏡頭交還主播……」

畫面迅速切回電視台主播陳德紵——

「台東縣太麻里說到這個，來頭可不小，現在這個劇團最招牌的舞蹈，不僅僅結合了台灣傳統戲劇的舞蹈、音樂與西方芭蕾舞蹈，並且將常見的馬戲團表演內容，加入整個肢體藝術的力與美，一再創新的表演方式，總是令人眼睛為之一亮，整場表演處處充滿驚喜。可是，在五年前的當時，卻是一整個默默無聞的小劇團而已。

根據芭碧拔碧的團員表示，這兩晚住宿在農場時，農場對於他們在下榻旅館之後，曾經送洗表演用的高級禮服，送回來的禮服，對於送洗衣物破損的處理，已經勉為其難的接受事實，隔天我們曾經在排練時，聽到零件鬆動的聲音，當時告訴農場的櫃檯人員，可是事後卻沒有人來處理，以致於今天發生這起事件，……

場景：穆拉姬嚕嘎拉農場200A號房門前方

「鈴……」電話鈴聲劃破電視主播的碎碎唸。

「崔小姐您好，這裡是總機，我是Angela，您有一通來自綠島未來飯店的來電，請問需要幫您轉接嗎？」總機小姐Angela的虛擬實境人像就這樣出現在房門的前方，她說著。

「好，麻煩妳。」

「崔小姐您好，這裡是綠島未來飯店，我是乖乖，很高興為您服務，關於您前天的電子訂房我們已經收到，這裡為您再作確認的動作。」這位看似完美、來自綠島的虛擬實境的電子事務員接著出現在房門的前方，這麼說。

「好……啊！見鬼了～妳再機車一點啦！……嘟……嘟……嘟……嘟……嘟……」這位虛擬實境的電子事務員竟也「言行」不一，雖然一面鞠躬，一面口中卻說著髒話，甚至還大力的掛上電話的聲音，影像完全消失。

我被那突如其來的話語，整個嚇了一大跳。

場景：綠島未來飯店訂房中心

鏡頭請轉到綠島未來飯店訂房中心，一面摳腳，一面講電話的事務員乖乖，正在和住在台東縣太麻里穆拉姬嚕嘎拉農場的崔葦芢小姐，作訂房的最後確認。

由於農場也安設了虛擬實境電子事務員的影像系統，因為只代替真人塑造仿真的電子人，所以並不會看到真人，況且其中虛擬人像系統仍在實驗中，還沒有安裝過多的動作給虛擬人像表達。

「扣扣扣……哈囉，乖乖」訂房中心隱隱傳來外頭有人敲門的聲音，沒多久，漸漸的門被打開，冒出了一顆頭，突然大聲說著。

「……關於您前天的電子訂房我們已經收到，這裡為您再作確認的動作。……好，好……啊！見鬼了～妳再機車一點啦！」

沒想到這位事務員乖乖，一面摳腳，一面講電話講得太認真了，被突如其來的招呼聲嚇了一大跳，瞬間反應直覺的掛上電話開罵：「啊！見鬼了～妳再機車一點啦！」

這下可好笑了，掛上電話的同時，對方正錯愕的聽著「嘟……嘟……嘟……嘟……嘟……」。

問題討論

1. 請問災後引發疫情飯店方因應之道？
2. 個案農場旅客、表演團體發生受傷事故，請問：在飯店常見的事故中，人力資源部門與所屬部門在預防事故的發生上，應作哪些事前的教育訓練？發生事故之後，農場的危機處理涉及哪些法規問題？如今負責人已面臨記者會的壓力，飯店、農場在面對預防事故上，有哪些層面的經營危機處理程序必須考量到？如農場的信譽問題等。
3. 除上述問題外，請問餐廳的舞台設備出包，此狀況歸咎責任的對象為何？請簡述之。
4. 就教育訓練來說，個案最後發生訂房中心人員的小插曲，是教育訓練中哪個環節出了問題？應如何改善？

第四章

餐飲業

第一節　餐飲業的認識

第二節　餐廳經營管理

第三節　主題餐廳

第四節　個案與問題討論

中國古諺：「民以食為天」，由此可知人類對於餐飲的重視。故餐飲業蓬勃發展，由台灣學校餐旅類科系的不斷增設，就可看出其供需與市場。近年來，台灣地區之餐旅餐飲業，不但在量方面的激增，質方面也大為提高。然而在這自由競爭激烈的社會中，不管是再熱門的行業，有成功者就有失敗者。

由於餐飲業的開設門檻相較於其他行業比較沒那麼嚴格。因此，在台灣的大街小巷皆可看到餐飲店，餐飲業雖然是誰都可以挑戰的行業，但並非任何人都可以獲得成功。因此，本章將針對餐飲業的認識、餐廳的經營管理、主題餐廳之介紹及個案與問題討論作進一步說明，希望對有興趣於餐飲業者有所幫助。

第一節　餐飲業的認識

今日餐飲業有關的環境，已經大幅改變，非但店鋪數量增多，加速了競爭；與以前相較，客人選擇餐廳的眼光也更理智與挑剔。本節將特別針介紹餐飲業的定義與分類、中華八大料理與台灣料理、台菜的飲食文化特色及中西式飲食文化差異。

一、餐飲業的定義與分類

餐廳（restaurant）源自於法文restaurer，意思就是說：係提供使人恢復精神元氣餐飲的場所，顧名思義，可以幫人恢復精神與體力的方法，不外乎與進食和休息有關，於是開始有人以餐廳為噱頭，在特定場所提供餐食、點心、飲料，使招徠的客人得到充分休息而且能夠恢復精神。

餐食內容大致可分為中餐、西餐、日本料理、速食餐廳及風味餐等。若依消費方式來區分，又可分為豪華餐廳、主題餐廳、家庭式餐廳、自助式餐廳等。若依經營方式、則可分為獨資經營、合夥經營、連鎖經營、企業化經營等。若依服務方式來區分，則有餐桌服務方式的餐廳（如中／西餐廳、咖啡廳等）、櫃檯服務方式的餐廳（如速食餐廳、PUB等）及自助方式自取的餐廳。

二、中華八大料理與台灣料理

台灣是「饕者之天府」，台灣之烹飪業是集中國各省各地名菜大成，包括川、滇、湘、粵、閩、浙、魯、豫、晉、台、蒙、清真等名菜，如今其設備、裝潢、餐具、服務無不受到西歐餐飲之影響，這些餐飲業主要係以提供美式與法式餐點為主，此類型的餐飲業，對內部裝潢、氣氛、餐具、服務、餐食都極為講究，令人耳目一新，國內對餐飲之各種品味及習慣，朝健康化、個性化及國際化。此外，美食節之他國食物推廣，引進了道地的他國風味，使國人瞭解該國文化與飲食習慣，其融合了台灣與他國之民俗與文化，讓顧客除了美食外還可體驗不同國家的文化與藝術。

三、台菜的飲食文化特色

本單元將介紹台灣菜的特殊外燴文化、台灣菜的辦桌筵席菜、台灣菜的甜鹹點及傳統台菜不吃牛之原因，說明如下：

(一)台灣菜的特殊外燴文化

在台灣，所謂「外燴」即是一般人俗稱的「辦桌」，是台灣特殊文化之一。台灣人的好客多禮一直受世人稱道，因此，辦桌聚餐便成為人際間互動與交流的最佳媒介，然不同以往只求溫飽，今日大眾不但要求吃得精細，更講究用餐環境的氣派與豪華，進而趨向餐館宴客，雖然如此，辦桌的實在菜色與公道價格，及其特有的親和力與凝聚力，卻是餐館筵席無法比擬的，這也是辦桌外燴能歷久被眾人所愛之因。

在平日節儉的飲食，只求三餐溫飽，但只要是婚喪壽慶，就算是借錢，也要辦個像樣的筵席，才算體面。台灣人講求人情味，舉世皆知。因此小孩滿週歲要辦桌、結婚要辦桌、生日要做壽宴辦桌、選舉要辦桌，就算是駕鶴西歸也要辦桌！把為了討生活、散落各地辛勤工作的親朋好友，見面次數有限，藉著辦桌來相聚，分享喜悅，傳達訊息。

(二)台灣菜的辦桌筵席菜

在遠古時期，筵席菜是不擺設桌椅的，上自天子下至庶民，無不席地而坐，依照字義，「筵」、「席」都是鋪在地上面的座具，久而久之大家就把坐在筵或席上的聚餐就稱為筵席。到了隋唐時代，轉換成一人一案制度，每個人享用各自桌上的佳餚，偶爾出現一張長桌同時坐三至四位賓客的「筵席」，而現今的大圓桌是直到清朝才出現的，圓桌不但方便賓客取食，還有著「吉祥如意」的意思。

辦桌菜的菜單擬定，必須通曉各地迴然不同的傳統禮俗禁忌，與特殊菜餚之由來典故，如此才能將烹調融入當地的風俗民情。

現今辦桌多為十二道菜餚，象徵著客人在往後的年度，一至十二月皆能衣食無缺、得到溫飽，至於菜名以四個字為主，例如：花好月圓、福祿壽喜等，取其吉祥之意。菜單的擬定也要非常小心，像是文定喜宴筵席一定要有黑棗肚湯，除了感念母親的慈愛，還有藉此清淨彼此的私念，從此不分你我，永結同心。

(三)台灣菜的甜鹹點

吃過台灣菜的喜慶或壽誕，請廚師到家裡來辦桌的人，必定無法忘記餐中所附的各式甜鹹點，其實這是台灣料理中的另一特色，早期台灣菜的甜鹹點心，主要是為應付勞動人口一日午餐的需要而準備，為了使食用者不致因每天吃同樣的東西而厭煩，乃用盡巧思變化各種口味，沒想到也成為台灣料理中的一大特色。

其中最著名的甜點有鳳梨酥、菜燕、甜雞蛋糕、杏仁豆腐、西谷米凍、八寶飯、甜米糕；鹹點心有韭菜夾、咖哩酥、炸春餅、鳳眼包等；此外，米糕粥、綠豆湯、油飯、各式鹹粥等雖不曾出現在「辦桌」上，卻是民間頗受歡迎的餐點。

(四)傳統台菜不吃牛

早期的台灣人不吃牛，因為牛在台灣的開拓史上，占有相當大的功勞，一般人心存報恩的心理，都不願意吃牛，此習俗直到台灣光復後，來自北方的外省人帶來家鄉的「紅燒牛肉麵」，而當兵的年輕人也在伙食中以吃牛肉維持體力，牛肉才漸有人吃。

四、中西式飲食文化差異

本單元將介紹中西飲食習慣和文化差異、主要飲食差異、烹調法差異、飲食環境及服務、餐桌布置差異及相異的飲食理念，說明如下：

(一)飲食習慣和文化差異

中式重「合」，以「合」為最高的境界，重視「五味調和」，幾乎每道菜都用兩種以上的原料和多種調料來烹煮。西式重「分別」，主菜中，不同食材分明，通常不會出現兩道以上食材混合，特別是肉類；即使是調味的佐料，如番茄醬、芥末醬、檸檬汁、辣醬油，也都是現吃現加。

(二)主要飲食差異

東方主要從穀物中攝取熱量。西方經濟發達國家以高蛋白、高脂肪、高熱量肉食為主，而食用碳水化合物、纖維素成分的食物偏少。

(三)烹調法差異

中式烹調注重細火慢溫，把菜肴做得精細，以香誘食欲為特徵，以調和五味為根本，以色彩藝術為精華，食不厭精，膾不厭細，要求色香味形俱佳。相對於西式餐食的精緻，「中式餐食特別強調隨意性」，大多是一盤大盤，且在原料、刀工、調料、烹調方法上有較多變化。西式烹調採用機器操作進行大規模化生產，要求營養、方便、快捷，「過程是按照科學規範行事，廚房備有天平、量杯、定時器，調料架上有幾十種調味料瓶，規規矩矩，仔仔細細」，相對地，成品也較精緻化，比照中式餐食一大盤合菜，西式只是一盤精緻量少的成品。

(四)飲食環境及服務

中餐借助餐具和用餐環境的文化色彩顯示其獨特性，在服務方式上不及西餐的細緻周到。西餐注意整潔衛生，要求整體上的有條不紊，以其嶄新的設計、幽雅的環境、明快的格調，提供全面優質服務。

(五)餐桌布置差異

中式餐桌擺設最為典型的就是圓桌，「一桌圍坐大夥合吃，冷拼熱炒擺滿桌面，幾道菜同時下肚」。西式餐桌擺設常見的就是提供較多人可入坐的長桌或方桌，「西方是分餐制度，各點各的菜，各吃各的，一道菜吃完後再吃第二道菜，前後兩道菜不混著吃」。

(六)相異的飲食理念

中式飲食理念是一種美性飲食理念。人們在品嘗菜肴時，往往會說這盤菜「好吃」，那道菜「不好吃」；然而若要進一步詢問什麼叫「好吃」、為什麼「好吃」、「好吃」在哪裡，恐怕就不容易說清楚了。這說明了中國人對飲食追求的是一種難以言傳的「意境」，即使用人們常說的「色、香、味、形、器」來把這種境界具體化，恐怕仍然很難完全涵蓋。西式飲食理念是一種理性飲食理念，不論食物的色、香、味、形如何，營養一定要得到保證，講究一天要攝取多少熱量、維生素、蛋白質等。

專欄4-1　咖啡之小常識

咖啡要怎麼喝？哪些人不能喝咖啡？許多經過口耳相傳、眾說紛紜的理論，是否也曾讓你感到疑惑？在我們日常生活飲食中，免不了有咖啡因的存在，像是咖啡、茶；或是許多不含酒精的飲料，尤其是可樂；甚至是巧克力還有一些藥也是（如止痛藥、過敏藥物、減肥藥等）。但咖啡因對我們到底有沒有害處呢？咖啡是最常用來提神的飲料，可是有人說喝大量咖啡，容易變成神經質、焦慮，而引起種種症狀的原因是否都是咖啡因惹的禍？

一、認識咖啡因

咖啡中的咖啡因，難溶於冷水，卻易溶於熱水。咖啡因會刺激大腦皮質，消除睡意、增加感覺與思考力，且可作為調整心臟機能的強心劑，又有擴張腎臟血管、利尿等作用。然而，含有咖啡因成分的，不單僅止於咖啡。通常一杯100cc的咖啡，含有咖啡因60～65mg，綠茶有200～300mg，紅茶有350～400mg，可可約有100mg。攝取過多的咖啡因，容易發生耳鳴、心肌亢進（心臟跳動迅速、脈搏次數增加）及脈搏跳動不均，所以必須適量飲用咖啡。

二、為何喝咖啡較容易睡不著？

許多人都有喝了咖啡後，因精神亢奮而睡不著的經驗，這是因為人體內有一種叫做腺甘酸的傳導物質，它能夠控制神經活動，產生呼吸減緩、情緒減弱、降低胃酸分泌和利尿作用。而咖啡因會假冒腺甘酸，使體內以為腺甘酸的作用已經發生，讓你感到精神充沛、胃酸增加、較為頻尿，自然也較不容易睡著。值得注意的是，這種咖啡因造成的短暫清醒，並不表示體力真的獲得恢復。此外，每個人對咖啡因的新陳代謝速度不同，對其敏感度也就有所差異，所以有人在喝了咖啡後，並不覺得睡眠受到影響。

三、咖啡是否會造成鈣質流失？

近年來，由於國人對於鈣質流失和骨質疏鬆的問題越來越重視，對於咖啡也產生相當的疑惑。至於咖啡因的攝取和骨質疏鬆症的關係，仍在持續研究中，目前並沒有直接證據顯示咖啡因會導致骨質疏鬆症，但喝咖啡易流失鈣質。因此，在此建議咖啡愛好族應該多吃些高鈣食品來補充鈣質，如準備起士片或起士蛋糕等搭配咖啡享用，不僅能補充鈣質，還使咖啡美味。

四、咖啡是否要趁熱喝才正確？

咖啡最佳的飲用溫度是攝氏85～88度。一杯好咖啡，在溫度高與低時的口感表現應該是一致的，這也是為什麼咖啡的測試鑑定師，會將咖啡從熱到冷的全部過程都列為評鑑。一杯品質良好的咖啡，冷卻之後除了香味減少之外，口感的表現甚至會比溫度熱時更好。但因為咖啡本質的不穩定性，所以大多鼓勵趁咖啡熱時就飲用，以另一個角度來談，當一杯熱騰騰的咖啡在你的面前時，趁熱飲用則是咖啡的禮節。

五、咖啡是美容殺手？

到目前為止，並沒有任何一項研究結果顯示咖啡中的咖啡因、黑色素與皮膚黑色素增加或令皮膚老化有絕對的關係。相反地，適量的咖啡因會加速新陳代謝、促進消化、改善便秘，並能夠改善皮膚的粗糙現象。關於咖啡因能加速新陳代謝，有一說是咖啡會加速燃燒卡路里，達到減肥的功效，基本上理論是正確的，但是這種卡路里的燃燒還不至於讓體重減輕多少，如果咖啡裡還加了糖和奶精，從熱量上的計算是更不符合減肥的原則了。

六、哪些人不適合飲用咖啡？

有腦血管瘤患者不適合喝咖啡，心臟病患應喝不含咖啡因或低咖啡因的咖啡，因為咖啡因會增加心跳速度而造成心臟缺氧。此外，皮膚病患者及有胃病者應盡量少喝咖啡，才不致因過量而導致病情惡化。糖尿病患者也要避免喝加入太多糖的咖啡，以免加重病情。美國食品及藥物管理局（FDA）曾經發表聲明，建議已經懷孕或可能懷孕的婦女減少咖啡因的攝取。因為孕婦在懷孕的第二期和第三期，代謝咖啡因的速度大約比未懷孕時快兩倍。而且，咖啡因還會越過胎盤進入胎兒，亦會透過母乳的哺育流入嬰兒體內。除此之外，許多研究並無法證明適量的咖啡因會對胎兒造成不利的影響，也沒有醫學報告禁止孕婦喝咖啡。在此仍建議孕婦及親自哺乳婦女對咖啡因的攝取需較為謹慎。總之，如果發現自己喝咖啡後感到身體不適，就應暫時不要喝咖啡，然後再從少量、改變喝法等方式著手。

七、品嚐咖啡的最好方法是喝「黑咖啡」？

有一種說法是懂得喝不加奶精、糖的「黑咖啡」，才是品嚐咖啡的行家。其實咖啡並沒有固定的正確喝法，如中東或非洲國家的咖啡，還以添加肉桂、薑等香料為特色。以一杯好咖啡而言，黑咖啡的品嚐方式的確可以享受到其原有的均衡濃郁風味，而奶精能夠除去一些澀味，加糖則可以將苦味轉換成甘味。總而言之，加不加牛奶或糖，全憑個人的喜好決定，選擇你所喜愛的咖啡就能夠品嚐到其中樂趣。

八、為何品嚐黑咖啡時也能感受到一點點的甜味？

一般人對咖啡的味道大多只有苦、酸、澀三種，事實上生咖啡豆中約含5%～8%的糖分，經過高溫的烘焙後，大部分的糖分會轉化成焦糖，這種焦糖作用為咖啡帶來獨特的茶褐色，形成香味和苦味的來源，而剩餘的糖分則留下些許的甜味。此外，烘焙良質咖啡豆時所釋放出的丹寧酸，和形成褐色焦糖互相結合，也會產生一種稍苦的甜味。

資料來源：http://www.helloguppy.com/fooum/brol/t24720/?wapz.。

專欄4-2　茶之小常識——茶對人的影響

茶，是我國的傳統飲料，含有大量的鞣酸、茶鹼、咖啡因和少量的芳香油、多種維生素、葉綠素等成分。適量飲茶能生津解渴、除濕清熱、提神健腦、袪病輕身，對人的健康大有好處。醫學專家告誡我們，只有飲茶適當，才是養身保健的好習慣。

所謂適當，一是指茶水濃淡適中，一般用三公克茶葉沖泡一杯茶為宜。茶水過濃，會影響人體對食物中鐵等無機鹽的吸收，引起貧血；二是控制飲茶數量，以一天八至十杯為宜，過量飲茶，會增加人體腎臟的額外負擔；三是飲茶時間不要在飯前飯後一小時以內，否則會影響人體對蛋白質的吸收；四是應注意禁忌，以下患者不宜飲茶：貧血患者特別是患缺鐵性貧血的病人，茶中的鞣酸可使食物中的鐵形成不被人體吸收的沉澱物，往往使病情加重；神經衰弱、甲狀腺功能亢進、結核病患者因為茶中咖啡因能引起基礎代謝增高，使病情加劇；胃及十二指腸潰瘍患者因為茶中咖啡因能刺激胃液分泌和潰瘍面，使胃病和潰瘍加重。

如您所知，茶中有咖啡因，它可以刺激腦部的中樞神經系統，延長腦部清醒的時間，使思路清晰、敏銳；也可以刺激心跳、利尿並刺激胃酸分泌。茶葉對霍亂弧菌、痢疾桿菌等造成腹瀉的細菌有相當程度的抑制效果，日本人吃生魚片要沾芥末及喝綠茶，都是因為它們可以殺菌，減輕生魚片可能造成的危險。

茶葉中的維生素A、B_1、B_2及C雖然含量不少，但多半已在製茶過程中損失，沖泡茶葉時，也不會把所有的維生素沖出來，所以想藉由喝茶來補充維生素是有點不切實際的。

茶垢隨著飲茶者的「勤喝茶」不斷進入其消化系統，極易與食物中的蛋白質、脂肪酸和維生素等結合成多種有害物質，不僅會阻礙人體對食物中營養素的吸收與消化，也使許多臟器受到損害。

因此，愛喝茶者也應勤洗杯。對於茶垢沉積已久的茶杯，用牙膏反覆擦洗便可除淨；對於積有茶垢的茶壺，用米醋加熱或用小蘇打浸泡一晝夜後，再搖晃著反覆沖洗便可清洗乾淨。

資料來源：http://www.rayfme.com/bbs/viewthread.php?tid=23983。

專欄4-3 紅葡萄酒小常識——紅葡萄酒的功效

好的紅葡萄酒，外觀呈現一種凝重的深紅色，晶瑩透亮，猶如紅寶石。打開瓶蓋，酒香沁人心脾，啜一小口，細細品味，只覺醇厚宜人，滿口溢香。緩緩嚥下之後，更覺愜意異常，通體舒坦，實在是一種不可多得的享受。從醫學的最新研究結果來看，經常飲用紅葡萄酒，起碼有以下四大好處：

一、延緩衰老

人體跟金屬一樣，在大自然中會逐漸「氧化」。金屬氧化是鐵生黃鏽，銅生銅綠，人體氧化的罪魁禍首不是氧氣，而是氧自由基，是一種細胞核外含不成對電子的活性基因。這種不成對的電子很易引起化學反應，損害DNA（脫氧核糖核酸）、蛋白質和脂質等重要生物分子，進而影響細胞膜轉運過程，使各組織、器官的功能受損，促進機體老化。

紅葡萄酒中含有較多的抗氧化劑，如酚化物、鞣酸、黃酮類物質、維生素C、維生素E、微量元素硒、鋅、錳等，能消除或對抗氧自由基，所以具有抗老防病的作用。據調查統計表明，生活在盛產葡萄酒區域的人們，由於飲用葡萄酒的機會較多，所以平均壽命較長。在葡萄種植園工作的農民，平均壽命達九十歲以上。

二、預防心腦血管病

紅葡萄酒能使血中的高密度脂蛋白（HDL）升高，而HDL的作用是將膽固醇從肝外組織轉運到肝臟進行代謝，所以能有效的降低血膽固醇，防治動脈粥樣硬化。

不僅如此，紅葡萄酒中的多酚物質，還能抑制血小板的凝集，防止血栓形成。雖然白酒也有抗血小板凝集作用，但幾個小時之後會出現

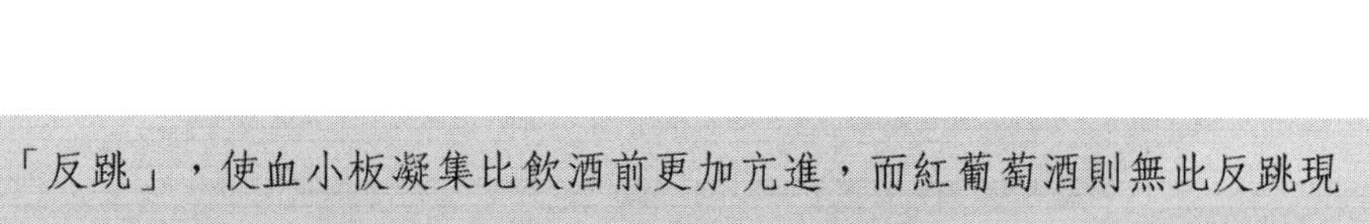

「反跳」，使血小板凝集比飲酒前更加亢進，而紅葡萄酒則無此反跳現象。在飲用十八個小時之後仍能持續的抑制血小板凝集。

三、預防癌症

葡萄皮中含有的白藜蘆醇，抗癌性能在數百種人類常食的植物中最好。可以防止正常細胞癌變，並能抑制癌細胞的擴散。

將白藜蘆醇加到人工培養的人類白血病細胞中，結果發現這些血癌細胞喪失了複製能力。科學家已經從葡萄、桑樹、花生等七十多種植物中發現了白藜蘆醇，其中以葡萄製品含量最高。在各種葡萄酒中，又以紅葡萄酒的含量最高。因為紅葡萄酒是用果皮、果肉果仁、果梗共同釀製的，而有些葡萄酒則僅用果肉釀製，所以紅葡萄酒是預防癌症的佳品。

四、美容養顏作用

自古以來，紅葡萄酒作為美容養顏的佳品，倍受人們喜愛。有人說，法國女子皮膚細膩、潤澤而富於彈性，與經常飲用紅葡萄酒有關。

紅葡萄酒能防衰抗老，這就包括延緩皮膚的衰老，使皮膚少生皺紋。除飲用外，還有不少人喜歡將紅葡萄酒外搽於面部及體表，因為低濃度的果酸有抗皺潔膚的作用。

據記載，過去的法國宮廷貴婦人，如今的影視明星和服裝模特兒，常將陳年紅葡萄酒外用，以此來保養皮膚，使皮膚更加光澤、細膩，富有彈性。

雖然飲用紅葡萄酒的好處非常多，然而也有量的限制。專家認為，飲用紅葡萄酒，按酒精含量12%計算，每天不宜超過250毫升，否則會危害健康。

資料來源：http://www.51ttyy.com/zt/ptj/gx/200606166022.shtml。

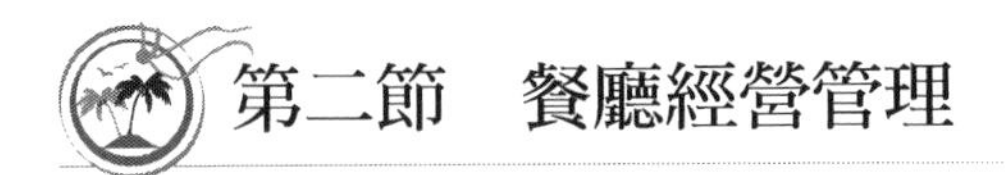

第二節　餐廳經營管理

籌設一家餐廳時，除了要把握住商機外，整體經營理念以及財務可行性分析也是不可忽視的。因為，每一環節都是成功餐飲投資案的組成要素。瞭解開一家餐廳是要花許多時間與金錢，不管是創意和構想，從店名的構想、店址的選定、資金的規劃、菜單的設計、店內裝潢和擺設、人員的配置等皆是重要的因素。本節將舉例陶板屋之經營理念、經營策略及服務理念，以及麥當勞據點開發步驟、五力分析和SWOT分析，此二者為國內餐飲業目前經營口碑良好的餐廳，藉以說明其餐廳經營管理之實例，以供參考。

一、陶板屋

茲將陶板屋之經營理念、經營策略及服務理念說明如下：

(一)經營理念

◆誠實

對人對事，以誠實為第一要務，對公司誠實、對同事誠實、對廠商誠實、對客戶誠實、對家人誠實。表現出誠實的態度是：既誠意又實在。

◆群力

群策群力，團隊精神。確信1＋1＝9的正面連鎖反應。確信在群體的激勵之下，每一個人的潛能才能發揮到極致。

◆創新

創意無限，行事成熟而不守舊。敢於向傳統挑戰。不迷信、不陳腐。任何決定以科學數字作分析。

◆滿意

凡事要讓客戶滿意、讓公司滿意、讓周圍所有的人滿意。當然，也要自我滿意。但此非自滿，而是自謙。

(二)經營策略

1.行銷策略、媒體策略正確：無形中依附台塑企業及王永慶先生的傳奇。
2.市場定位明確：白領階級套餐及價錢一致。
3.中常會成立：領導層從不鬆懈、群策群力，當找對一件事時，即想盡各種辦法去達成。
4.低成本、高獲利。
5.店長、主廚入股，員工每月分紅。
6.凡事以顧客為中心，顧客第一、同仁第二、股東第三贏策略。

(三)服務理念

服務人員面對每一位顧客必須具有的態度和禮儀如下所述：

◆面笑

隨時隨地都要保持心情平和、愉快，將微笑永遠掛在臉上，因為笑容是很容易讓人感動，所以親切的笑容最能與顧客互動。

◆嘴甜

一句具體真誠的讚美，可以讓對方深深的記得你。找出每一位顧客可讚美的地方，給予真誠的讚美，如衣著、髮型、體態、氣質、修養、言行舉止、知識、見聞等。常用的讚美語言，例如：你真聰明、妳好漂亮⋯⋯。

◆**腰軟**

將顧客以貴賓、好友相待，你一定會得到相同的回報。以謙遜的態度、優雅的肢體語言，表達你對顧客的尊崇，去感動每一位顧客。和緩的躬身是讓顧客感受到你的謙遜和優雅，所以必須做到腰軟的功力。

◆**手腳快**

行動是你內心深處真正的聲音，也是讓顧客瞭解你內心的意思最快速的方法。用最高的敏感度，察覺顧客的需求，並以最快的速度去滿足他。顧客一定會對你的細心與專業，敬佩不已。有效率的行動是陶板屋非常講求的原則，手腳快能表現出專業與對顧客的關心。

◆**眼色好**

眼觀四面、耳聽八方，隨時觀察顧客的舉止，努力瞭解顧客的需求，以同理心積極服務客人，這是服務業最難到達的境界。

二、麥當勞

茲介紹麥當勞據點開發步驟、五力分析及SWOT分析，說明如下：

(一)據點開發步驟

麥當勞的據點開發可分為六個步驟：(1)市場資訊蒐集；(2)選點因素；(3)市場價格評定；(4)開發點調查與協調；(5)營業額預估；(6)財物分析評定。

◆**步驟1：市場資訊蒐集**

- 麥當勞餐廳商圈的界定為開車三分鐘，步行五分鐘的距離。

- 資料蒐集需瞭解人口概況資訊，如國民所得、人口與麥當勞餐廳數比例，用以評估麥當勞的開發中心。
- 評估附近區域Home、Work、Shop的情況：家庭（Home）的收入狀況；工作（Work）為白領或藍領，是否包伙食等；商家（Shop）的營業狀況、時間、活絡性等。
- 交通（大眾／私人）流量。
- 娛樂狀況：附近的電影院、百貨公司等。
- 競爭者的存在。
- 法規及公共事業的提供：此為於澎湖開店時的重要考量。

◆步驟2：選點因素

- 能見度：是否可以讓行人及交通輕易看見？
- 方便性：停車是否方便，是否容易走進，是否於附近民眾生活中會經過的地方？
- 接近性：交通或步行是否容易接近？如圓環及三角窗時常不容易有交通接近。

◆步驟3：市場價格評定

開發點的市場行情、房租的評估。

◆步驟4：開發點調查與協調

由工程部及設備管理部審查公共事業的供給及法規設限等。

◆步驟5：營業額預估

以商圈的交通、人口流量來預估。容許預估額與實際營業額15%以內的差異。

◆步驟6：財物分析評定

以此評估是否為正確的投資，決定是否開設麥當勞餐廳。

(二)五力分析

麥當勞競爭力的五力分析，茲分述如下（如圖4-1）：

◆目前競爭情勢

現有的競爭者有7-11（開發上房地產的競爭者）、肯德基、星巴

五力分析

潛在進入者威脅
潛在競爭者如咖啡連鎖店、黑砂糖冰品等，這些因經濟不景氣而衍生的連鎖店，具進入容易的優勢，但其品牌、人員素質、管理品質、行銷、規模經濟處於劣勢。

供應商議價能力	目前競爭情勢	顧客面
麥當勞強調垂直分工與專業、聯合採購，半成品的製作與配銷皆外包。在麥當勞M Family的黃金拱門的三個支點涵蓋麥當勞本身、供應商及加盟者。而劣勢則為缺乏彈性，為顧及規模經濟，必須採取統一採購。	地產的競爭者、肯德基、星巴克、非連鎖餐廳、路邊攤等。競爭者的優勢為房地產開發容易、開發成本低、產品差異，並且能自立自主；競爭者的劣勢為品牌、人員素質、管理品質、行銷力弱、無規模經濟。	麥當勞的優勢為顧客導向的經營方針，得到顧客的認同。相對的，顧客是善變的，要求越來越高，推動著麥當勞的成長。

同業中替代品威脅
吮指王、21世紀、肯德基、漢堡王。

圖4-1　麥當勞競爭力之五力分析圖

資料來源：作者歸納整理。

克、非連鎖餐廳、路邊攤等。競爭者的優勢為房地產開發容易、開發成本低、產品差異，並且能自立自主；競爭者的劣勢為品牌、人員素質、管理品質、行銷力弱、無規模經濟。

◆潛在進入者威脅

潛在競爭者如咖啡連鎖店、黑砂糖冰品等，這些因經濟不景氣而衍生的連鎖店，具進入容易的優勢，但其品牌、人員素質、管理品質、行銷、規模經濟處於劣勢。

◆供應商議價能力

在供應商上，麥當勞強調垂直分工與專業、聯合採購，半成品的製作與配銷皆外包。在麥當勞M Family的黃金拱門的三個支點涵蓋麥當勞本身、供應商及加盟者。而劣勢則為缺乏彈性，為顧及規模經濟，必須採取統一採購。

◆顧客面

從顧客面來看，麥當勞的優勢為顧客導向的經營方針，得到顧客的認同。相對的，顧客是善變的，要求越來越高，推動著麥當勞的成長。

◆同業中替代品威脅

有類似產品的競爭對手包括肯德基、漢堡王、摩斯漢堡、21世紀等。

(三)SWOT分析

台灣麥當勞的SWOT分析，茲分述如下（如圖4-2）：

◆優勢（S）

麥當勞為全球品牌，其品牌已受認同，且全球經驗資源足，具有

SWOT分析

優勢	弱勢
•麥當勞為全球品牌，其品牌已受認同。 •全球經驗資源足，具有規模經濟。 •在營運品管及品質上提升，人員地域化且素質高，認同公司文化，能培養共同價值。	•人員人數高，管理不易。 •強調永續經營，且單價低而開發成本高，造成資本回收慢。 •品牌定位被限制為漢堡生意，且受全球企業管理的限制，必須考慮品牌及過去經營方式。
機會	**威脅**
•以產品的研發來突破區域性飲食習慣的限制。 •以多樣的麥當勞經驗提供更大的價值，運用更多樣的策略聯盟來共同開發市場。	政治不穩定、顧客的口味選擇、法規的限制、沒有進入障礙、顧客信心不足、樹大招風等。

圖4-2　麥當勞之SWOT分析圖

規模經濟，在營運品管及品質上提升，人員地域化且素質高，認同公司文化，能培養共同價值。

◆弱勢（W）

人員人數高，管理不易。強調永續經營，且單價低而開發成本高，造成資本回收慢。品牌定位被限制為漢堡生意，且受全球企業管理的限制，必須考慮品牌及過去經營方式。

◆機會（O）

以產品的研發來突破區域性飲食習慣的限制，以多樣的麥當勞經驗提供更大的價值，運用更多樣的策略聯盟來共同開發市場。

◆威脅（T）

政治不穩定、顧客的口味選擇、法規的限制、沒有進入障礙、顧客信心不足、樹大招風等。

專欄4-4　合理控制店鋪成本的六大要件

創業顧問傅安國近期在餐飲創業授課的過程中發現，現今有很多餐飲經營者對於「店鋪獲利極大化」的觀念並不充裕、完整；因此，特別對「成本」分享下列建議，供各餐飲經營者在店務執行中可作為自我審視與調整。

一、覓出攸關成本的組合源頭

首先，充分利用「What諮詢法」，把店鋪中所有會影響成本的因素，逐條一一列出。如廚師、新進員工、幹部、P-T、廠商、季節（時蔬）、售價、制度、進銷存貨方式、教育訓練、促銷活動等，再集結相關人等共思因應良策。

二、制定標準化調理手冊

多放料理雖會滿足顧客但亦會折損莫大成本，少放料理又會使消費者有受騙上當、花錢當冤大頭之虞；分際要如何拿捏得宜？就必須靠完整的「標準化調理手冊」來輔助，不論是有廚師或無廚師的餐廳都可以此為操作準則，避免每次出餐品質的不同及客怨的發生，繼而影響營收遞減之窘境。

三、締建良好的進銷存管理機制

從供貨的廠商評估選擇（產品規格、價格、品質、服務、貨車清潔度等）、原物料到貨的穩定性（品質、規格、價格波動等）、先進先出（First in First out, FIFO）的表格建立使用，及商品銷售的流程「探究管理」（諸如銷售量統計表、非銷貨使用量表、物料實用與銷售差異追蹤表等）到交叉污染的規避、物品的定位置放、濕度、溫度（冷藏、冷凍、空調等設備）的控制、蟲害防治、盤點（日、週、月、年度盤）確實，甚至於滅火器的位置、數量、更甚而「意外險」類的投保……，

都是進銷存管理的必備掌握要件。「由小見大」、「牽一髮動全身」的思維觀需在此發揮得淋漓盡致，經營者千萬不可掉以輕心。

四、貫徹三多原則——多看、多聽、多比較

正所謂貨比三家不吃虧，更何況經營者本身不應該盲目的身陷「戰場」（店務），而導致不知外面早已呈現群雄環伺、虎視眈眈、欲噬於己的環境衍生。「出走管理」是當下盛行的經管模式，善用此法走走量販店、百貨公司、軍公教福利中心或相關商號，將特價、折價品等適量適物的挪用於己店內，成本自然可輕鬆Down Low。

五、導入明確獎懲制度且落實

當你發現店內從業人員大都朝「被動性」的屬性偏走時，此制度就得順勢推出。達成既定標準就施以獎勵（如獎金、禮券、休假等），未達成（需明瞭原因）則給予薄懲（如減薪、記缺點等）。在恩威並濟、賞罰分明下，自然可收「豐盛」效益。

六、同業可以為師

此法較適用於連鎖加盟行業；它可透過業主會議的「集智」溝通、聯誼活動的請益及總部的市場資訊來源（當然必須是總部經營數字透明化的前提之下）；則可清楚知道同樣經營型態的店鋪是如何有效地控制店鋪成本，進而截長補短地讓自已獲取更大的經營利潤。

所謂創業不易，守成更難，所以凡能為店鋪爭取（創造）利潤的任一法則都不容坐視不見。故身為經營者的您，不能再忽視「成本」這個重要的要素了。

資料來源：傅安國（2007），〈合理控制店鋪成本的六大要件〉，創業圓夢網站：http://sme.moeasmea.gov.tw/SME/modules.php?name=km&file=article&sid=736&sort=topic。

第三節　主題餐廳

主題餐廳又稱特種餐廳，是以某種特色或是有一個很鮮明的主題，讓人一看到這間店就瞭解它想帶給人的主題為何。主題餐廳其缺點為，需要時常注意市場動態、追求時尚（in-fashion）、以特定顧客消費市場為導向，因此其營運風險較高。本節將介紹玫瑰夫人餐廳（Madam Rose Restaurant）、機器人餐廳（Robert Restaurant）及無為草堂餐廳這三家國內的主題餐廳，供讀者作為參考。

一、玫瑰夫人餐廳

現代人越來越注重休閒生活，也更願意花錢享受，飲食文化也逐漸受到重視。

聚會不再局限於單調的吃飯，下午茶成為一種趨勢，尤其更受到女孩們的喜愛！常可以聽見女孩們相約去喝下午茶！大家聚在一起消磨下午的時光，不僅可以增進情感，還可以讓自己趁機放鬆一下心情。玫瑰夫人餐廳猶如一座歐式浪漫殿堂，設計上承襲文藝復興時期「巴洛克」的藝術展現，著重流動性與戲劇誇張性的強烈情感表現。**圖4-3**為玫瑰夫人餐廳的裝潢與茶器。

二、機器人餐廳

(一)創店背景

因為老闆常去日本，發現日本有一些不錯的主題式餐廳，故引發其開主題餐廳的想法，因有主題餐廳才能有長久性的發展，和吸引更多的客源。而當時國內都還沒有人用機器人作為主題，再加上自己

六樓俱樂部門口

Bernardavd 尤珍

維多利亞　下午茶溫茶器

水果系列

牧羊人系列茶皿

法國吉安　藍色椅子

維多利亞茶秤

櫻桃茶皿

圖4-3　玫瑰夫人餐廳的裝潢與茶器（作者攝於玫瑰夫人餐廳）

對機器人的興趣，所以就選擇以自己情有獨鍾的鐵皮機器人作為此餐廳的主題，打造屬於自己的品牌，於是，全國第一間鐵皮機器人餐廳「鐵皮駅」就這樣誕生了。

(二)經營理念

鐵皮駅，是個小男孩的兒時夢想。「駅」在日語中為車站的意思，在這繁雜緊湊的都市生活中，為自己打造一個完全屬於自己的國度，裡頭充滿著兒時喜愛的機器人和鐵皮玩具，忘卻外面所有的現實煩惱，每個角落都會有個被喚醒的童年記憶，驚喜又驚豔，滿足童年時代對未來的幻想與憧憬。

(三)餐廳介紹

Robot Station鐵皮駅鎮店之寶為「鋼彈機器人」；「小露寶」則為迎賓機器人，擺設於門口，主要作為迎賓用，可以發出聲音；另有一「鋼絲機器人」，是老闆自己親手製作，由一百二十公斤的鋼絲打造而成，眼睛還會發光（如**圖4-4**）。

三、無為草堂餐廳

一間崇尚無為與自然的主題餐廳，老子說：做學問求取增益；修道求取無欲。最終的目的，即達到「無為」的最高境界。不悖離、不強求、順其自然，似是「無為」卻常能完成「有為」之舉；所以「無為」不是無所不為，而是不強行妄為的「有為」。無為草堂的經營理念是取法老子的「無為」精神，以台灣早期的「草堂」風格建築，展現台灣本土茶藝文化的新風貌。無為草堂為了提倡對人文素養，以及本土文化的尊敬與愛慕，特別收錄典藏了許多畫家與藝術家的創作（如**圖4-5**）。

Robot Station鐵皮駅鎮店之寶

小露寶

鋼絲機器人

餐廳內擺設亦以機器人為主

餐廳內擺設皆為機器人

機器人餐廳面紙盒

機器人餐廳戶外景

圖4-4　機器人餐廳內部裝潢與擺設（作者攝於機器人餐廳）

圖4-5　無為草堂餐廳的裝潢與餐點（作者攝於無為草堂餐廳）

以上三家餐廳皆有自主的風格、特色故事與精神，主題性強，故能吸引顧客前來消費。

第四節　個案與問題討論

「複製減少了經典的獨特，
連鎖店剝奪旅者的驚喜。
……經典作品可以複製，
但無法與真品相提並論」
（廖和敏，1999，頁48）

敘述者：全知觀點的旁者

主角：芭岱葩黛（餐服員）、美樂蒂（領班）、馬組孃、涂帝恭

活動：飯店內承辦虛擬國際觀光景點實境系統會展

地點：台北市圓場飯店的巴菲玫瑰餐廳（文化創意產業中開發最具代表性餐廳）

時間：2008年1月2日

BAFFE，是我族讚頌祖靈玫瑰精靈的話語。一個「long long long long ago」的時代，台北盆地擁有過，而今早已被世人遺忘的一個原住民國度——凱達巴蘭王國。玫瑰精靈巴菲芭杜她從遙遠的玉山，踩著五色玫瑰花瓣而來，所至之處，無不日暖花開，繁華萬千。

傳說我族的最大頭目巴蘭，在遠古時期，曾經受到巴菲芭杜的照顧，並且教授女巫們玫瑰花療法，當時玫瑰精靈希望女巫們別不務正業，能夠替族人們的身體健康多做一些祈福與治療，聽說對於五穀的豐收也十分有用，先祖們與種植的五穀只要受到此療法，就可有病治癒，沒病吃健康。

族人為了感念回到玉山的玫瑰精靈巴菲芭杜，因此，在每十公里處設立巴菲玫瑰餐廳，像是現在處處都會有玫瑰園餐廳、玫瑰飾品等玫瑰相關產品的由來，更是近來更加興盛的玫瑰療法……我族的樂舞合一，有一人引領口簧琴、多人牽手隨性舞蹈，有時還會有杵音的配樂宴饗。祖靈信仰為玫瑰精靈巴菲芭杜，清治時期漢人賜姓多為梅、巴、蟲。2008年1月1日正名，為台灣平埔族中的其一人種、族群。（虛擬族群）

場景：圓場飯店巴菲玫瑰餐廳花園前，2008年1月2日午後三點

在十樓有一座極為壯觀的水晶雕刻作品——圓形玫瑰花園，直徑大約有三公尺寬。除此，她還是一座旋轉餐廳，圍繞著花園轉，也圍繞著整個都市的舞光夜色，這正是這間餐廳內的主題景觀。那些飾有紅玫瑰的建築設計、水晶燈、布幕、桌飾、餐具、插花皿、人員服裝，全都是仿照過去族人的特殊藝術風格，尤其在午後五點的昏黃色陽光，灑落在窗邊的光影下，光影更是隨著時空轉變而精采至極。

這間餐廳設有最具隱密、光線視野最佳的求婚桌，真可說是台灣獨一無二的溫馨、濃情，千萬別認為這間餐廳一定是非常高消費的，說她獨一無二的原因，也正是她以平價為訴求，卻仍保有極佳的用餐品質。

看看她的推薦招牌菜單吧……

【玫瑰奇遇祭　招牌套餐】

前菜：餐前玫瑰吐司厚片＋玫瑰沾醬＋香腸（玫瑰牛肉香腸、玫瑰山豬肉香腸、玫瑰雞肉香腸　擇一）

私房例湯：視季節而定

主餐：岩燒牛排、岩燒山豬排、岩燒雞排　擇一

附餐飲料：熱（冰）玫瑰花茶、玫瑰咖啡、柳橙瑰茶、玫瑰啤酒特調、日出玫瑰特調　擇一

甜點：明星玫瑰花露果凍、玫瑰重乳酪蛋糕

場景：巴菲餐廳玻璃門前，2008年1月2日午後四點

「歡迎光臨，Wellcome to BAFFE的啦！」

在進入巴菲玫瑰餐廳前，必須先穿過一道玻璃門。這時，正體驗完觀光景點虛擬實境——印尼之旅後，很多人都會到這間餐

廳享用下午茶，也享受這杵音與口簧琴交錯的優雅樂聲……。

「您好，我是芭岱葩黛，歡迎來到巴菲玫瑰餐廳，請用玫瑰茶。這是我們的餐飲，稍後為您點餐。」如似舞者般的肢體語言表演，將倒茶與放置菜單的姿態表達得淋漓盡致。

「哦不用了！給我們兩份玫瑰奇遇祭招牌套餐吧！我們只吃牛肉餐。」

「牛肉餐，請問您的附餐飲料？」

「玫瑰啤酒特調、柳橙瑰茶」

「好呀！請您稍後的啦。馬上就來！」

輕盈舞姿與立體五官，成年男女都必須在頭頂戴上玫瑰花髮箍，穿著鑲有玫瑰花飾的衣裙。這是凱達巴蘭一族的特徵，連芭岱葩黛也不例外。

不一會兒，芭岱葩黛開始上菜——

「這是您的吐司、沾醬、香腸、還有蝦米蛙鍋湯哦～」芭岱葩黛一面上前菜、例湯，一面解說吐司、沾醬、香腸的建議吃法。

「好，謝謝，我們自己來就可以了。」

馬組孃才剛掀開例湯鍋蓋，舀了舀喝了幾口，又繼續攪動沒幾下，突然大叫，還把湯匙丟得稀巴遠地。

「啊～這是啥麼蛙鍋！」

「怎麼了，幹嘛把湯匙丟那麼遠，它的確是蝦米蛙鍋啊！剛剛小姐有說，怎樣？？？」也被嚇一跳的涂帝恭，一面把湯匙撿回，一面這麼說著。

「你自己看，我當然知道這是蝦米蛙鍋湯，可是我沒想到它真的是蝦米蛙整隻下去耶！」其實，這個蝦米蛙就是還沒變態完全，約有3公分身材的蝌蚪青蛙，留著短短的尾巴。

「是嗎？」當他疑惑地打開湯蓋的時候，馬組孃已經舉手叫芭岱葩黛來問了一頓。

「是阿，牠就是幼齒的青蛙湯啊！」

馬組孃仔一邊聽，一邊臉色大變，大咬嘴唇……

「幼齒的青蛙湯很補的啦！顧眼睛馬顧霸肚啊……我們族人最高級的飲食。」

「……噁」馬組孃仔衝向化妝室，還沒到就已經開始爆吐。

「ㄟ……」

場景：巴菲餐廳的櫃檯，2008年1月2日午后六點

「小姐，妳給我秤看看這一包玫瑰咖啡花茶多少錢？」那一身素雅乾淨的灰色制服，細細平淡的聲音，為這金光閃閃的結帳櫃檯帶來些冉煙裊裊的芬芳。

「師父您好，是的，我們的玫瑰咖啡花茶一包大約300公克，一包800元，……」美樂蒂微笑的向她說明。

「多少？妳說多少？有沒有搞錯？」

「總共是800元沒錯，這裡總共重315公克，我可以幫您再秤一次……」領班還來不及抬起頭來看她，趕緊的又秤了一次，深怕看錯。

「您的玫瑰咖啡花茶是800元沒錯的。這次的玫瑰咖啡花茶，原產地氣候、日曬時間和營養都很充足，所以我們沒有作做那麼乾燥，重量會重一些，是正常的。這個花茶，回去後建議您可以放在冰箱裡頭，需要的時候再拿出來泡就好了。」

「妳確定？！才這麼一丁點就那麼貴！怎麼可能！是不是你們的磅秤有問題？」她原本平淡細細的聲音，隨著話而越來越大。

「我們的磅秤應該沒有壞掉才是，您可以放心的，……」我微笑的繼續向她還沒說明完……

「誰知道你們的磅秤有沒有動過什麼手腳！妳想騙我就說一句，不用把話說那麼漂亮！做人是最好要有點道德心，想騙我是不是！騙我們這些出家人沒買過玫瑰咖啡花茶嗎！？」

「我們的磅秤機政府單位都會有不定期的抽檢的，不會有問題的，真的可以請您安心。」

「不要再假了，我看過的人太多了，想唬誰？你們都還不是商人手段！妳還太嫩了啦！我早就看穿你們了！」

她的雙眼埋進了怒火狠狠燃燒，像是要把我也恨不得一併燒去化成灰燼。我滿滿的無奈與委屈，隨時都快從眼睛裡變成淚水宣洩出來了。我，得忍耐，這個時候，我更得保持微笑，是，我要微笑，沒錯，微笑！可是，可是我的嘴角一直在抽動，我要笑！我要笑！我努力的擠出我自認為最溫和、最謙遜的微笑……

「師父是的。真的很謝謝您！」我努力的保持我的微笑，微微向她傾身鞠躬。

「……我，……我不買了！我，我才不會被你們騙了！……」她丟下那包花茶，狠狠的看美樂蒂一眼，轉身離去。不知道為何這時的空氣真的好稀薄，讓人都快一氧化碳中毒一般。

沒過多久，一件波未平一件又起，瞬間，一陣玻璃碎聲響起，隨即一陣哀號、尖叫，從門口傳來。匆匆忙忙地腳步聲快步跑向門口，見到那種情況，趕緊又跑回餐廳櫃檯打電話給總機，然後再繼續處理後續……

「總機吧！我是十樓美樂蒂領班，快！通報有人在十樓撞破玻璃門了……」

「快啊領班，他臉上割傷得很嚴重了……，他是那個那個……武打明星阿達，快啊領班～快啊！」

問題討論

1.請舉出幾間以文化創意為主的餐廳或飯店，可包含閒置空間再利用的例子，並請針對這幾間簡析當中優劣，對於文化創意的發展效度為何？

2.個案最後提到有旅客撞破飯店十樓的巴菲玫瑰餐廳，請問飯店當下的處理程序為何？加上旅客身分特殊，餐廳、飯店應該如何處理此事？

第五章

休閒產業

第一節　休閒產業的定義與功能

第二節　休閒農場

第三節　電子休閒

第四節　個案與問題討論

近年政府積極推行休閒旅遊產業，國民價值觀也隨之改變，對於休閒旅遊的觀念，已從重「量」朝向重「質」方面邁進，導致休閒旅遊之需求提高。「挑戰2008：國家發展重點計畫」中，有四大計畫皆與休閒產業有關：文化創意產業計畫、觀光客倍增計畫、水與綠建設計畫和新故鄉營建計畫。農業旅遊與休閒接軌是休閒產業的生力軍，近年來資訊及電子科技不斷地推陳出新，而電子休閒已悄然地變成人們休閒的另一種選擇。本章節將介紹休閒產業的定義與功能、休閒農場以及電子休閒。

第一節　休閒產業的定義與功能

本小節將介紹休閒產業的定義、休閒的種類、休閒產業的功能及休閒產業的歸類，說明如下：

一、休閒產業的定義

楊峰洲（1999）根據人類心理的需求，把休閒與活動以更簡單的符號2F及4R方式呈現：

(一)休閒2F的定義

1.Free time：在自由的時間所從事非工作、非義務的事。

2.Free will：所有從事活動必須出於志願。

(二)休閒4R的功能

1.Relax：休閒具有放鬆、釋放或解除的本質，亦即從平時例行性或不滿意的事物中跳脫或從活動中停止。

2.Rest：休閒具有恢復、休養的意義，因為人們需要抒解身心疲勞。

3.Recreation：休閒是由活動中獲得樂趣，因此活動有動態的主動參與活動及靜態的被動參與活動，如由觀賞他人的活動而獲得樂趣，亦可充實觀看者的知識，此則是一種活動的取代。

4.Renew：休閒具有再造、創新、實現自我的積極面向。自我更新，使個體得以尋求新經驗，預期樂觀的結果進而經驗到生活的輕鬆自在。

二、休閒的種類

黃正聰（2000）指出，休閒的分類見仁見智，就從休閒型態及其活動內容而可分為三類，共有九種類型，列舉如下：

(一)情境取向型

1.知識型：如閱讀、寫作、參加學術研討會、參觀博物館、文化中心及聽演講等。

2.藝術型：如攝影、書法、繪畫、音樂、詩歌、戲劇、舞蹈、手工藝品等。

3.休閒型：如冥想沉思、靜坐、漫步及垂釣等。

(二)體驗取向型

1.競技遊戲型：如田徑、球賽、博奕等爭勝比賽。

2.博奕虛擬型：如橋牌、賽馬、賭博、抽獎、電腦遊戲、划拳、演戲等。

3.民俗文化型：如節慶祭典、進香團、民俗技藝、燈會、嘉年華會及地方美食展等。

(三)成果取向型

1.戶外遊憩型：如旅遊、觀光、健行、露營、騎自行車、溯溪、登山、滑雪、賞鳥、游泳、浮潛、划船、高空彈跳等戶外遊憩。

2.消遣娛樂型：如看電視、看電影、吃零嘴、聽廣播、聽音樂、養寵物、KTV唱歌、種花草、逛街、聊天、集郵等。

3.社交聯誼型：如參加同學會、社團活動、社區聚會、喜慶宴會、自強活動等。

三、休閒產業的功能

休閒最終目標在培養健全國民的身體教育、情緒教育、社會人文教育、精神教育與國家文化等適能教育；休閒充實了我們生活中所有的日常生活界限，所以休閒可視為一種生活教育、一種價值教育，更是一種終身學習的基本教育。張宮熊、林鉦琴（2002）指出，休閒的功能概念發展如下：

1.身心鬆弛：人們從事休閒時，在無商業利益與約束的情況下進行。因此，較能忘掉不愉快的事務與煩憂，進而達到身心放鬆的效能。

2.獲得工作以外的滿足感：休閒活動亦可以幫助活動者得到工作以外的滿足感，如親子與人際關係之和諧。

3.生活經驗拓展：藉由休閒活動增進對周遭世界的瞭解及關懷，拓展從事者人生觀及視野。

4.促進身心平衡發展：休閒的體驗與經驗可幫助活動者肯定自我，達到身心穩健的發展，有助於活動者在各方面的發展與進步。

5.強國強民的效能：促進國人身心的健康，進而提高工作效能與降低犯罪率等功能。

四、休閒產業的歸類

顏君彰、陳敬能（2006）將休閒產業歸類為以下十種：

(一)主題樂園（theme park）

在特定的主題空間中先預設所要表達的主題，以創造設施、營運作業、服務、商品、表演、擺設、配件等，塑造一個有主題概念空間的遊樂園地，創造一個「夢幻多樣性」的情境與氣氛。如美國迪士尼、台灣劍湖山、丹麥的宮近花園等，都是現今炙手可熱的主題樂園。

(二)休閒渡假村（resort）

係指遠離都會之鄉鎮地區，周邊可提供餐飲、住宿、娛樂、身心靈治療、遊憩等功能的場所。週休二日與休閒風氣的盛行，故國人有更多機會至大都會以外的「休閒渡假村」休閒活動，例如台東知本泓泉溫泉渡假村、澎湖吉貝島的今海岸休閒渡假村。

(三)休閒購物中心（shopping mall）

休閒購物中心是由一組零售商及其相關的所有服務性、商業性企業與設施所共同組合而成的，並提供多功能之服務（如觀賞、購物、遊憩等），使消費者進入休閒購物中心後得以滿足多樣化的生心理需求。諸如台北101、高雄金銀島購物中心、台南大遠百百貨與吉隆坡雙子星大樓皆是。

(四)休閒俱樂部（club）

徐堅白（2000）指出，休閒俱樂部在國人的生活有著一定程度的互動性，不論在工商企業、家庭生活乃至個人生活，俱樂部係針對特定消費族群，提供私密性服務為主的事業；俱樂部在台灣近十年的蓬勃發展，已成為休閒產業中的新興事業。諸如私人俱樂部、貴族俱樂部（Single Club）等提供特定消費族群為主的服務事業。

(五)休閒農場（leisure farms）

董維、王翔鍇、溫玉菁（2005）指出「休閒農業」乃農業及服務業的綜合，必須以農業生產地提供的農業為「舞台背景」，同時根植於農業生產上，所提供的休閒產品、服務及多元活動為其附加價值。邱湧忠（2002）指出休閒農業在許多先進國家已經有許多年的發展經驗，台灣發展休閒農業最早可溯至1970年陸續出現之觀光果園開始，而法定用詞是從1990年公布實施「休閒農業區設置管理辦法」開始。據此休閒農業是二十一世紀國人戶外遊憩的新風潮。如嘉義休閒農場、走馬瀨休閒農場與清境豐田休閒農場等都是國人攜家帶眷的好去處。

(六)飲食文化產業（cultural foods industry）

目前農產品被污染的程度日益嚴重，故有機、健康與運動觀念的普及下，飲食文化已被注入養身、調理、食補等多項元素，繼而促使相關健康食品、小吃、餐廳的蓬勃發展。

(七)藝術文化產業（arts culture industry）

藝術文化產業為促進國人對生命、學問、人文與歷史深刻的體悟，培養藝術整合及生命美學之研究人才、落實「生命藝術」及各種交流活動與帶動文化等「真善美」產業。

(八)休閒運動健康產業（leisure sport health industry）

休閒運動健康產業，係結合休閒、運動、健康、調養、互動等功能之經營型態，消費者透過此產業達到身體、心理、交際教育之功能。如健身房、高爾夫休閒俱樂部都是今日社會紓壓、遊憩的文化產業。

(九)生態旅遊（ecotourism）

郭岱宜（2001）指出，生態旅遊是一種以大自然產物為導向的教育旅遊，更是一種生態的機會教育，生態旅遊將有助於國人對環境與大自然的尊重。國內較著名的生態旅遊地如墾丁國家公園、雪霸國家公園與太魯閣國家公園等，均是值得一去體驗生態教育的好地方。

(十)觀光產業（tourism industry）

由於人們逐漸意識到度假、旅行以及體驗異國社會及文化的重要價值，這種趨勢反映在觀光事業中；據此觀光事業現在也是許多國家經濟領域中成長最快速的行業，更在服務業中占有主導的地位。尹駿、章澤儀（2004）指出，觀光旅遊業已成為世界各國積極並極力發展的重要指標，台灣將也指日可待。

專欄五　娛樂休閒事業管理——以好樂迪KTV為例

所謂的休閒產業即是：「為滿足人們進行休閒活動時的需求，而提供相關服務之行業。」而哪些是休閒產業？從廣義的角度來看，都市內的娛樂休閒事業都包含在內。如出版業、唱片業、餐飲業、電影院、運動休閒業，甚至時下流行的網咖、KTV（視唱業）、購物中心、百貨業（零售業）、電子遊戲場、健身房、PUB等。

而好的娛樂休閒事業管理包含：場地的安全衛生、創新的行銷設計、作業電腦化、人力資源及公司定位等。以好樂迪KTV為例，好樂迪是台灣KTV業中第一家股票上櫃公司，其創辦人盧燕賢總裁是榮成實業的第二代。早期在美國華盛頓大學修完電腦碩士回國之後，先在合成資訊公司服務，後來觀察到KTV業的前景，於是極力說服父親出資經營。就當時KTV業正迅速興起，但品質良莠不齊，有鑑於此，盧總裁希望能設立正派、單純的KTV。經過審慎的評估之後，於1991年開設第一家KTV，並且以「獅子」為企業標幟，期以萬獸之王的象徵，凸顯好樂迪領導台灣都會休閒潮流的決心。

經過一、兩年的經營摸索後，好樂迪決定以連鎖店的形態來擴大營業。並規劃出「健康、安全、歡樂」氛圍的消費環境，將目標客層鎖定在學生以及年輕上班族的消費族群。店內設計不但有大廳，並且提供整潔乾淨的安全歡唱空間，還制定標準化作業流程，對服務人員進行完善訓練，以提高消費者的滿意度。

除此之外，不斷推陳出新、創新求變的行銷手法，更是好樂迪創造業績成長的重要一環。從成立開始，推出「量販KTV」消費方式、「無限暢飲飲料吧」、「自助冰品吧」、「另類點歌法」、「威利卡」、「多功能魔音器」、「週日家庭歡樂SONG活動」等創舉，還成功地創造出一波波的好樂迪旋風。甚至為了抓住炎炎夏日消費者的心，更與公賣局合作，供應平價又清涼的台灣生啤酒，並打出「台灣生啤酒超過24小時，倒掉！」的口號。

不但如此，好樂迪還率先推出網路訂位系統，並早在1995年，就首創「顧客電腦評分系統」。事實上，要管理全省六十多家的連鎖店，最重要的就是資訊管理。好樂迪人資部協理張甲賢指出，好樂迪每個店鋪中，沒有任何一個幕僚人員，所有的人力都是用來服務顧客，「從顧客一進來，就進入了電腦化的作業，所有的流程都是標準化。物流也是今天上線叫貨，明天貨就送到。」整個作業是採取集團式的作戰。

也因為如此，好樂迪對員工的教育訓練投注很多心力。除了工作所需的專業技能課程之外，尤其注重員工的自我成長。「像心理學、自我肯定、溝通協調、壓力管理、自我挑戰營等課程我們都辦過。」甚至從1998年開始，好樂迪開始與台北技術學院、景文技術學院、勤益技術學院等學校建教合作，鼓勵員工在職進修取得專科學位。

現今的好樂迪已將自己定位成亞洲休閒娛樂提供者第一品牌。因此，也積極展開大陸、新加坡、馬來西亞等地的海外市場評估動作，準備設立海外分公司，到時會有約百個儲備幹部的徵才需求。張甲賢指出，好樂迪要的人才是全方位、彈性大、積極認真，並具企圖心的人，「還有最重要的是，本身對娛樂產業有熱忱，未來可以獨當一面與企業共創未來。」

資料來源：林裕強。〈社會人文——休閒產業，國家圖書館遠距圖書服務系統〉。http://www.read.com.tw/web/hypage.cgi?HYPAGE=subject/sub_leisure.asp。

林靜宜（2002）。〈好樂迪邁向亞洲休閒娛樂王國〉，《Career就業情報雜誌》，第316期。

第二節　休閒農場

近年政府積極推行休閒旅遊產業，使得台灣休閒農場產業蓬勃發展，隨著休閒農場的成形，耕作不再是農民唯一的收入，休閒農場將農業與休憩活動結合，除了營造宜人的環境之外，還要設法創造農場的附加價值。國民價值觀也隨之改變，對於休閒旅遊的觀念，已從重「量」朝向重「質」方面邁進，導致休閒旅遊之需求提高，加上台灣加入WTO之後，農業急需轉型的狀況下，休閒農業因此應運而生。以下將針對台灣休閒農場之分類、休閒農場之功能、台灣休閒農場面臨之問題及台灣地區休閒農場之經營策略作進一步介紹。

一、台灣休閒農場之分類

鄭健雄、陳昭郎（1996）從資源論作為基礎出發，以休閒農場的核心產品之自然或人為資源基礎作為主要區隔變相，分為以自然資源為基礎，以及人為資源為基礎兩構面，以此營造出不同的資源吸引力，接著再以資源之利用或保育導向作為區隔依據，將台灣之休閒農場劃分為四種不同類型（如**圖5-1**）：

(一)農業體驗型農場

核心休閒產品係以農業知識的增進與農業生產活動的體驗為訴求重點，可吸引對農業體驗與農業知性之旅有興趣的遊客。

(二)生態體驗型農場

核心休閒產品係以灌輸生態保育認知與體驗作為主題訴求，可吸引喜愛大自然與生態知性之旅的遊客。

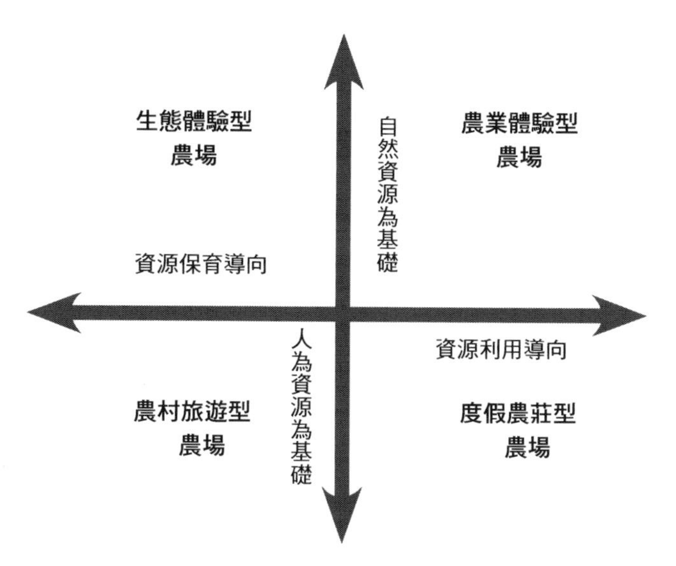

圖5-1　台灣休閒農場分類

資料來源：鄭健雄、陳昭郎（1996）。〈休閒農場經營策略思考方向之研究〉，《農業經營管理年刊》，2，頁123-144。

(三)渡假農莊型農場

核心休閒產品係以體驗農莊或田園生活為訴求主體，可吸引嚮往農莊渡假生活的遊客。

(四)農村旅遊型農場

核心休閒產品係以豐富的農村人文資源為主要訴求，可吸引愛好深度農村文化之旅的遊客。

二、休閒農場之功能

休閒農業是農業經營、遊憩服務並重的新興產業，休閒農業的經營型態有很多種，如觀光果園、市民農園、休閒農場、休閒漁業、農村民宿等，而休閒農場正是展現此種產業的最佳場所，具有遊憩、教育、社會、經濟、環保、醫療等多種功能 ，說明如下：

(一)遊憩功能

提供休閒場所，滿足遊客對綠地的需求，投入田野自然環境，享受假期。

(二)教育功能

利用豐富的生態環境及人文景觀為基礎，為使遊客欣賞自然美景，倘佯於青山綠水之間，必須強化自然與生態環境，維護森林及綠色資源，維持田園優美風光與鄉村住宅的整潔，建設清新自然的農村環境。提供各種體驗活動，讓民眾認識農業生產，以獲得相關的知識需求，達到「寓教於遊，寓教於樂」。

(三)社會功能

其社會功能主要有以下四項：

1.促進城鄉交流：都市居民在假日時，想擺脫擁擠的居住環境與工作生活之壓力，湧進農村地區欣賞自然景觀，體驗農業活動，享受平和與寧靜的環境，以求抒解壓力及恢復身心疲勞，因此促進城鄉交流。
2.增進農村社會發展：發展休閒農業增加農村就業機會，提高農家所得，農村居民體認其擁有的自然景觀、產業與文化的珍貴，激發了農村內部的動力，愛護農村、維護其產業文化。
3.提升農村居民生活品質。

4.縮短城鄉差距：由於城鄉交流頻繁，都市人民之旅遊住宿的結果，增進城鄉居民的溝通，資訊流暢，擴展人際關係，縮短城鄉居民的距離，增加生活情趣，充實生活內涵，無形中提高農村居民的生活品質。

(四)經濟功能

改善農業生產結構，繁榮農村經濟，提高農村的就業機會，增加農家所得，增強產業競爭力。

(五)環保功能

善用自然景觀資源、生態環境資源、農業生產資源及農村文化資源，以吸引休閒遊憩人口。為吸引遊客前來休閒遊憩，農場就會主動改善環境衛生，提升環境品質，維護自然景觀生態，並藉由教育解說服務使遊客瞭解環境保護與生態保育的重要性，主動做好資源保護工作，以利吸引更多遊客。

(六)醫療功能

提供一個抒解壓力的健康休閒場所。城市居民可藉由休閒農業活動，遠離塵囂，接近自然，抒解緊張生活。不論在觀光果園採摘果實、在體驗農場從事耕種、在海上遊釣、在休閒農場及森林遊樂區看青山綠水，藍天白雲，聽蟲鳴鳥叫，均可舒暢身心。而在森林中漫步，觀賞青翠林木，吸收「芬多精」更是有益健康。

三、台灣休閒農場面臨之問題

休閒農場雖然在農政單位積極輔導、農民積極參與及休閒遊憩風氣興起等因素助長下，蓬勃的發展，但是其背後也面臨了許多的問題。有關休閒農場現存最大的問題，就是有關法令規章的難以適應現況，及經營者在實際執行層面上所面臨的困難。在此可將目前台灣休閒農場之問題歸納為以下幾項（林錫波、陳堅錐、王榮錫，2007）：

(一)法規不適用

目前的法規，如土地面積限制、建築設施規定等，對於休閒農場的設立與經營不但不是一種幫助，有時反而成為健全發展休閒農場的一種障礙。

(二)輔導政策走向偏誤

過去政策過度強調計畫提出與硬體經費補助的部分，致使休閒農場的規劃設計偏離原始休閒農場發展的精神，甚至與一般休閒遊憩區無所差異，因此，施政單位在進行相關輔導政策時，應確實掌握休閒農場發展的基本精神，方能正確輔導休閒農場經營走向。

(三)經營管理能力不足

大部分的休閒農場業者皆是由傳統經營農業轉型而來，並不具完全掌控複雜的休閒農場經營管理能力，再加上其所受的經營輔導不足，又難以尋覓適當經營管理專業人才，使得休閒農場的經營管理無法步上正軌。

(四)經營理念偏離

休閒農場經營業者在政府輔導措施、其他遊樂區成功經營等因素影響下，錯誤的認為多、大就是好，於是將大量的時間與金錢投入在與農業本身毫無關係的硬體建設之上，忽略農業本身可以發展的資源與特色，以及軟體經營管理與人才的重要性，甚或是對市場的敏銳度過低，與其他遊憩區無法形成有效區隔，都足以對休閒農場的長期經營產生隱憂。

(五)政府跨部門間的協調不夠

由於休閒農場的經營設立牽涉到許多跨部門的議題，而無法單由現行的管理輔導機關行政院農業委員會來主導，若是各部會間無法取得一致的共識，尤其是在法令規章上的無法配合，則休閒農場的未來發展將會受到嚴重的限制。

(六)對市場需求狀況掌握不深

休閒農場業者往往在未經瞭解市場消費者的需求狀況下，就貿然投入經費與人力，使得休閒農場的設施或活動往往花了經營者的大量金錢、人力與時間，卻似乎達不到吸引消費者的目的。這都是因為對市場需求資訊掌握不足所造成的資源浪費。

四、台灣地區休閒農場之經營策略

根據林錫波、陳堅錐、王榮錫（2007）歸納台灣地區休閒農場之經營策略有下列七項，說明如下：

(一)建立特色區隔性

台灣的休閒農場（如**圖5-2**）近年來日益擴大，其經營模式將農業與休閒結合，提供人們舒展身心、釋放壓力之途徑，也讓日漸萎縮的農業出現一線生機，然而在這一陣休閒農場風潮中，真正能夠經營

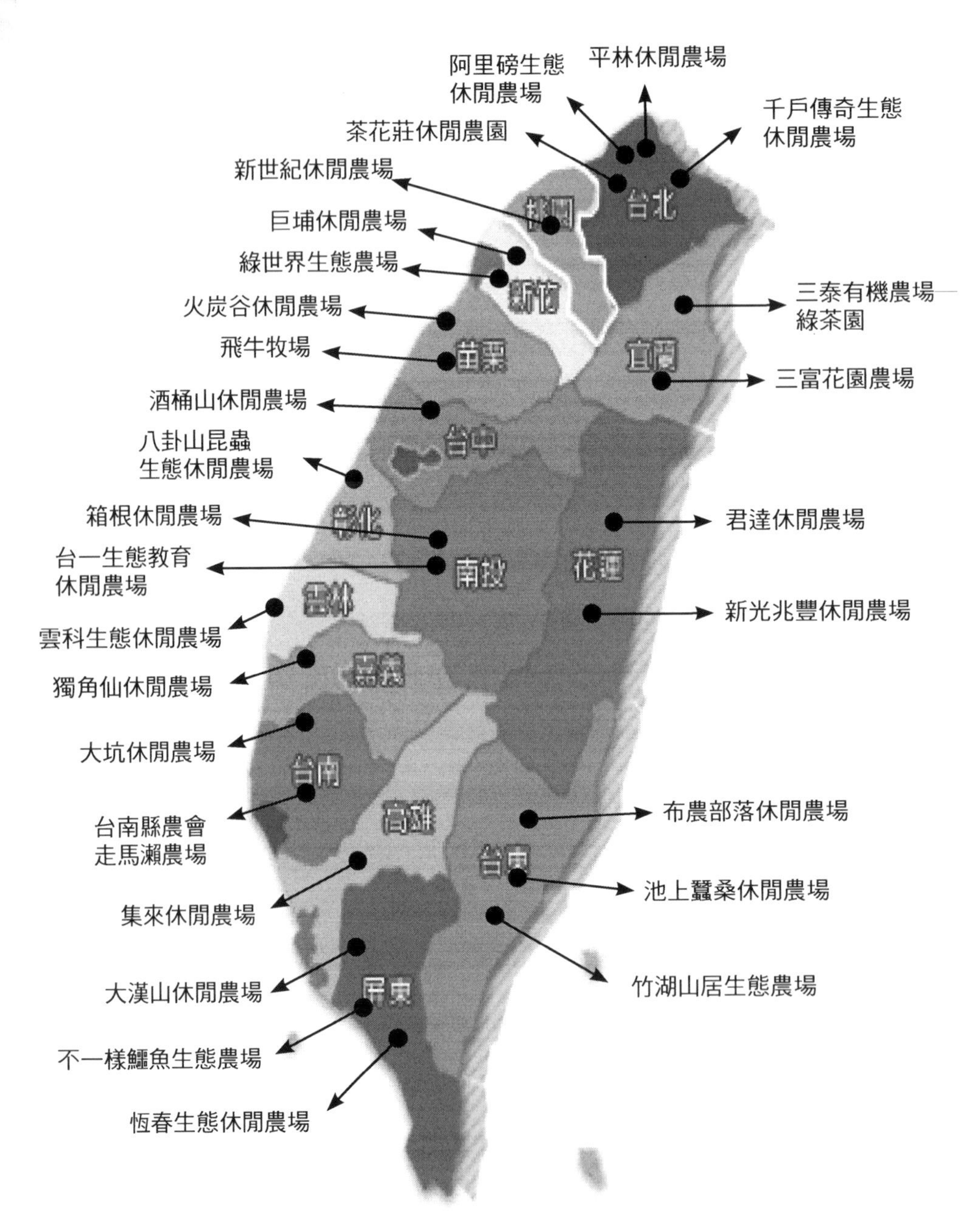

圖5-2　台灣休閒農場簡要分布圖

發展的農場，首重建立自己獨特的特色。利用特色與其他農場加以區隔，而且這個特色必須具有二次消費之可能性，方可吸引遊客不斷地前來消費。例如：有些農場生產柑橘，有些生產番茄、草莓，也有以養殖鱒魚為主，然而如何與其他業者加以區隔，則是業者必須思考的地方。休閒農場的經營，業者必須不斷地推陳出新，讓農場與市場趨勢結合，增加經營優勢。

(二)充足的資金

充足的資金在經營任何產業都是關鍵性的因素，尤其休閒農場所需之資金、設備、土地規模非常大，業者倘若缺乏充沛的資金作為後盾，在經營上較為不利。根據謝宜潔（2004）調查結果，目前經營休閒農場若以獨資經營，其可能獲致虧損的機率較大。至於其虧損之原因，則以資金不足為主要因素，其次為休閒專業人員缺乏訓練、同行競爭激烈有關。獨資之業者較缺乏資源，經營上必須考量資源獲取之途徑，業者可以利用向政府機關申請補助的方式，彌補資金不足之壓力，目前政府單位樂見休閒產業促進地方繁榮的益處，只要業者具備完善的經營計畫，申請補助經費的支援是可行的方式。但是有業者表示在申請補助款方面，需要向政府單位提出計畫，對此部分的行政程序，業者認為有些困難，因而實行起來並不容易。

(三)創新行銷方式

休閒農場之經營，除了建構農場本身的優勢與特色之外，必須結合新的行銷方式，將農場推銷出去，唯有強有力之行銷手法，始能讓農場獲取更多的利潤。目前休閒農場經營狀況較佳者，幾乎都已使用網路行銷的方式，擴張農場的知名度，網路行銷的成功與否已經成為農場經營的關鍵因素。其次，參加各種協會、組織，成為組織之一員，獲取組織之資源，亦是一種增加自己農場競爭力之方式；而利用參與各種博覽會的機會，也能讓農場的知名度增加；最近以異業結盟之方式，亦能獲取不錯之經營成效。目前產業經營已不能再局限於過去傳統之行銷方式，業者必須靈活運用行銷技術方可。

(四)創造休閒體驗的服務

體驗經濟時代的來臨，使得消費者願意花更高的代價，購買和享受難忘且有價值的體驗。故農場可以透過精心設計「體驗」，為產品和服務增加特殊性價值，亦將自我轉型為更具市場競爭力的「體驗產業」。這對國內正在摸索發展行銷策略、以因應龐大競爭壓力的休閒農場而言，實為值得思考的新方向（張文宜，2005）。

(五)年輕化趨勢

根據謝宜潔（2004）研究訪談之業者，員工平均年齡接近四十歲左右，可見從事休閒農場之工作人員在年齡分布上屬於青壯年齡層，與以往農業從業人員以年齡較長有別，顯示休閒農場之經營吸引青壯年留在鄉村就業。目前休閒農場之經營已漸成為新興產業，青壯年經營讓休閒農業愈發趨向精緻專業化，成為新興之中小企業。

(六)藍海策略的應用

利用藍海策略的消除、減少、提升及創造的步驟，為農場創造出新的價值曲線，不要在紅海裡廝殺。

(七)休閒農場必須建立學習型組織

學習有助於服務的落實與改善，第一線人員透過學習可以增進足夠的職能來從事服務，帶給顧客更好的服務，學習的對象可以選擇同業或異業的標竿學習。

第三節　電子休閒

近年來資訊及電子科技不斷地推陳出新，資訊科技如電腦多媒體、虛擬實境技術、網際網路，而電子技術則讓這些資訊科技的生產成本得以降低，使得其資訊技術的應用更加便捷與更具多元性。近十年來，電子產品的訴求方向即包括了電腦、通訊與消費性電子，而由於網際網路與寬頻通訊的高度發展，未來的社會中所有的電子產品將由網際網路串聯起來，發揮其使用效益。

正當多數人都把焦點放在網際網路對觀光旅遊事業的影響時，電子休閒已悄然地變成人們休閒的另一種選擇，甚至成為重要的部分。傳統的電子休閒，如電腦電動遊戲，或是遊樂場之電動遊戲；新型的電子休閒則如網路角色扮演、虛擬實境遊戲到街頭林立的網路咖啡廳。由於資訊科技與休閒產業的高度結合，資訊科技不再只是配角，而躍然成為休閒產業的主角之一。以下將介紹常見的電子休閒平台、電子休閒的內涵及電子休閒對觀光事業的影響（黃正聰，2000）：

一、常見的電子休閒平台

1.電視：其加值應用如KTV等，較偏視覺上或外加視覺上的。
2.收音機：可以播放錄音帶或CD，收聽廣播，或參與call in、call out（如電台之call out祝賀生日快樂節目）等。
3.電動遊戲機：由電子設備控制的設備，多具備高度之互動性或模擬實境的。幾年前流行的「電子寵物」也是屬於這一類。

4.電腦：電腦的組成較電視及電視遊樂機來得複雜而具彈性。電腦具多樣性之應用。過去電腦大多用在計算及資訊管理上，近來電腦已普遍應用在生活休閒上，如：

(1)Game：又可分為益智遊戲、動作遊戲、射擊遊戲、運動遊戲、競速遊戲、模擬遊戲、冒險遊戲、角色扮演、撲克紙牌遊戲、運氣遊戲、搞怪遊戲、電玩工具遊戲、線上遊戲、電玩模擬器等類別。

(2)網路社群：如BBS，知名之BBS站可聚集高達上萬人上網。

(3)瀏覽網站：近年來WWW快速發展，內容相當的豐富，據統計，多年上網的網友平均每天花費將近一小時的時間上網，上網的用途包括讀e-mail及看網站等。而最受歡迎的網站則是旅遊、休閒、娛樂等類別。

二、電子休閒的內涵

Internet的持續發展下，電子休閒的內涵將產生如下的變化：

1.電腦的休閒用途增加：由於電腦網路的快速發展，電腦上的網路遊戲將呈快速成長。但由於電視具備「方便、開機快速、就在客廳」等特性，且技術仍持續進步、價錢便宜，短期內電視仍將是最主要的電子休閒平台。

2.無線通訊普及後，手機遊戲變得很流行。

3.目前離島建設條例規劃開放，未來網路博奕事業將可能實現。

4.網路咖啡廳可能成為新興的電子休閒場所。

5.網際網路發展至今都在於電腦上網，目前正發展家電上網（電視、冰箱），未來遊戲機也可以透過Internet連線，以Linux為Plug-in OS。

除了上列的變革外，不斷推陳出新的資訊技術亦將整合到Internet內，並應用在休閒產業上：

1.GIS、GPS、電子機票等：可應用於旅遊運輸上。
2.3D環場：可用於旅館業以展示高級旅館的空間感覺。
3.電子Coupon：可利用電子郵件傳送，發送折價券，開拓新客源。

三、電子休閒對觀光事業的影響

電子休閒由於具有低服務成本及參與之便利性等特性，將對既有觀光事業產生衝擊。以下探討既有觀光產業經營者如何因應電子休閒的挑戰：

1.遊樂區業者：由於電子休閒實現上有其便利性，將會減少出遊的機會，或是比較屬於都會型的休閒方式，而現存之遊樂區則多位於郊區，與都會區之交通距離一至二小時以上，遊樂區如以提供類似的服務為主，將無法與電子休閒業者競爭，遊樂區業者必須瞭解這樣的變化，避免類似的投資，使之有區隔。
2.餐飲業者：對家庭型的電子休閒而言，由於有沉迷的可能性，比較偏好速食。對都會型的電子休閒而言，則會順道用餐，因此適合結合餐飲與電子休閒服務。
3.旅館業者：電子休閒以半日遊為主，將減少出遊及住宿的需求。

電子休閒對既有業者產生影響的同時，也產生了新的需求與商機：

1.規劃都會型之電子休閒場所：由於電子休閒所需空間不大，可設置於都會區內。
2.結合電子休閒與餐飲：由於電子休閒大略以四小時為消遣時

間，故無論是先用餐後遊戲，先遊戲後用餐，幾乎都有餐飲的需求，可結合餐飲，同時提供餐飲服務可延長遊客的停留時間，增加消費金額，亦可創造餐飲收入（黃正聰，2000）。

第四節　個案與問題討論

「就像打人，被打的人會痛，打人的手也會痛。

到一個生活水平比較後開發的地方，觀光客帶進了點點滴滴的影響，

但在給的同時，這些觀光客也『接受』到影響。」（廖和敏，1999，頁73）

個案討論

敘述者：我　崔葦芢，住在這間穆拉姬嚕嘎拉農場的常住客

主角：蘇常、陳德紵

活動：芭拉芭拉吧音樂匯表演

地點：台東縣太麻里農場的複合式餐廳

時間：2003年5月15日

台東縣太麻里的穆拉姬嚕嘎拉農場，擁有台灣最大的草原與湖泊，在煙嵐倒影之中、也在大自然花園裡，林間蟲鳴蛙叫的歌聲，為這份寧靜，譜首不停歡愉的旋律，這場宴會，我們將跟隨螢火蟲們，與牠一同追逐山邊，一同飛舞閃爍。

農場僅僅10間的小木屋，時常一床難求；猶如一座小巨蛋般的圓形餐廳，溢滿窗景的綠意，滿懷的月色陪伴旅人，宛若靜

靜等候著情人一般。將整片整片大的防彈玻璃，砌成圓弧形的餐廳，夜間燈色矇矓從內透出，劇場型的圓形餐廳，中間就是面對八方的動感舞台，附設著最立體與豪華的聲光設備……

場景：從農場油桐花露營區回來，2003年5月15日

時間跳回到五年前，相同的這個季節，一樣是油桐花盛開。這天蘇常他們來到台東縣太麻里的穆拉姬嚕嘎拉農場，夜幕低垂……

「他的叫聲就像是小狗一樣，我可沒騙妳！」這句話就是他卯起來追求陳德紵小姐的那個一樣遇到狗蛙的夜晚。（當時的那位小姐如今已嫁給他，過著幸福的日子了。）他牽著陳德紵陳小姐，極為小心地將陳德紵從暮煙纏繞的水邊接了過來。

「妳累不累，我們今天先到這邊好了，待會回住所一邊用餐，我們就一邊期待穆拉姬嚕嘎拉農場主辦的芭碧拔碧現代舞匯吧！」

「嗯！好！」陳德紵陳小姐嬌滴滴的說，一點都不像她在主播台上的樣子，認真的說起來，這真的有點假。

場景：農場的圓形劇場複合式餐廳，2003年5月15日

同一時間，這下我們必須將畫面快轉到穆拉姬嚕嘎拉農場的圓形劇場，鏡頭請慢慢聚焦在舞台上。

從今晚農場邀請到芭碧拔碧現代舞匯[1]，舉辦一場創世紀的另類台式芭蕾舞蹈表演——芭拉芭拉吧音樂匯表演。而正在最後彩

[1] 說到這個芭碧拔碧現代舞匯，來頭可不小，現在這個劇團最招牌的舞蹈，不僅僅結合了台灣傳統戲劇的舞蹈、音樂與西方芭蕾舞蹈，並且將常見的馬戲團表演內容，加入整個肢體藝術的力與美，一再創新的表演方式，總是令人眼睛為之一亮，整場表演處處充滿驚喜。可是，在五年前的當時，卻是一個默默無聞的小劇團而已。

排的舞台中央地面上——「からから」一顆小小的螺絲釘逐漸鬆動突起，「かか」又一顆，又一顆……還有來自上方的聲響……

時間一到，優雅中又帶點野性的音樂漸漸響起，舞者一個個從空中、從舞台上、也從舞台中央，以各種姿態出現，猶如三部曲般的姿態動作揮舞、奔跑、跳躍，然後，人、服裝道具、樂器的色彩逐漸在躍動中交疊變化，這場音樂匯表演的一開場，帶給所有觀眾最大的眼福、耳福。

「哇塞！好震撼哦！德紵」蘇常坐在椅子上稍微側身向右座的陳德紵說。

「我快哭了」最會假的陳德紵表現出一副真的在擦眼淚的樣子。

就當這兩個人正在甜蜜蜜的時候，劇場中央由內向外盪出三個人，所有一邊用餐的觀眾們全都屏住呼吸大力鼓掌叫好的時候，突然巨響連連——「碰碰碰碰……」

「太好啦～」蘇常突然站起來說讚，他還以為那是故意的特效，其實，某些明眼人都看得出來，這是一場意外，因為，連他們用餐區的燈也開始有爆裂的情況，陳德紵趕緊拉了拉蘇大俠的衣袖，這下蘇常可真是尷尬極了，於是，他只好假裝繼續笑著說：

「咳！ㄟ，太好了……真是太好了，是不是？嘿嘿……」一面還在鼓掌叫好，一面趕緊坐了下來，掩飾自己的愚蠢。

快，把鏡頭調回舞台，上方的釘子已經無法承受壓力，燈管直接隨著方才盪出了三個人一起掉落舞台，鏡頭在蘇常站起來的當下，用餐A區的旅客在驚愕中紛紛躲避，有的不小心跌了一跤撞到桌腳，有的過度驚嚇連同椅子往後重摔，而用餐A區的仿原住民餐具的瓷製品全都摔得稀巴爛，一陣霹靂啪啦作響的跳電聲、大小不一的爆炸聲，四處而起，現在已經持續五分鐘，就在舞台上激烈舞蹈的的舞群，至少就有五個輕重傷。這時候的農場負責人顏武許，趕緊打電話加派人處理。

「哈囉，小沈，快人來穆拉姬嚕嘎拉農場的圓形劇場複合式餐廳，出事了，我先拍幾個畫面，快！！第一手新聞特報……」出事的當下，馬上蹲到桌下打了通電話回電視台。這個陳德紆真的很會抓緊時間點哦！

場景：農場餐廳門口，2003年5月15日

醫護人員、農場人員，以及參加活動的旅客們陸陸續續的離開餐廳門口，該就醫的人員也逐漸送醫救治，這時鏡頭聚焦在餐廳左側的陳德紆及該電視台的攝影記者，正追著農場負責人顏武許跑，後頭的蘇常才知道：原來這個陳小姐工作起來還真……積極。

問題討論

1.關於農場舞台事故，問題如下：請問造成的舞者、旅客受傷等情況所觸及觀光政策與法規有哪些？

第六章

旅遊事業

第一節　旅行社介紹

第二節　遊樂園介紹

第三節　航空公司介紹

第四節　個案與問題討論

二十世紀因為工業進步造成許多的污染，又加上溫室效應及地球暖化等環保問題，因此，號稱無煙囪工業的觀光產業儼然成為二十一世紀的明星產業，也是許多國家的主要收入來源，例如：馬爾地夫、印尼、泰國等國。世界旅遊組織也曾提及旅遊業是全世界最大的產業，並且成長迅速（World Tourism Organization, 2005）。既然是最龐大的產業，當然也就需要許多人力投入這個市場。所以，根據世界觀光旅遊委員會（WTTC）最新之估計，西元2006年全球觀光旅遊產業部門之產值達6.48兆美元，約占全球總生產毛額的10.3%，它可提供2.34億個工作機會，占世界總工作機會的8.7%。因此，世界各國皆積極發展觀光旅遊產業。本章將介紹跟旅遊事業息息相關的行業——旅行社、遊樂園及航空公司等工作內容與條件，最後為個案與問題討論。

第一節　旅行社介紹

由於觀光活動的日益普及，近年來許多國家都開始陸陸續續積極地投入觀光事業的推動，例如觀光簽證等相關政策的鬆綁，舉例而言，鄰近我國的日本、韓國、澳門地區、新加坡等國家均開放免簽證措施。此外，許多國家也都開始重視無污染的觀光產業，尤其在近年來打著「文化觀光」招牌的韓國，利用韓劇、韓國音樂、韓國食物等韓國的產品，經由媒體大量播放在世界各地吸引不少的觀光客。根據由Kim等人（2007）所提供的研究數據，光是一部《冬季戀歌》在2004年時，便有一百多萬來自日本、台灣及中國大陸的觀光客造訪其拍攝地；在2005年的1月到3月，還有從日本的固定包機特地到韓國的拍攝地點；且播放地點遍及亞洲，甚至遠到非洲的埃及。此外，根據由交通部觀光局委託財團法人台灣經濟研究院所做的調查研究結果，發現到國人對旅行服務的需求自2004年起即超過新台幣100億元。由此可見，旅遊市場在整個經濟活動中占有一定比例（財團法人台灣經濟研究院，2007）。另外，根據交通部觀光局觀光統計資料得知，2007年全年的國人出國旅遊總人次為8,963,712人次，相較於去年的8,671,375人次，仍然成長3.4%；其中，出國旅遊委託旅行社代辦者占92%，選擇參加團體旅遊約占42%（交通部觀光局，2008）。所以在國人出國旅遊的形式上，選擇團體套裝旅遊（Group Package Tour, GPT）已成為國人出國旅遊的重要形式之一。

綜合上述，可以得知在旅遊市場中旅行社扮演著重要角色。而且，目前由於網路科技的發達以及旅客求知欲的提升，很多旅客為了確保能有個美好的旅程，除了選擇行程規劃良好的旅行社，往往會向親朋好友打聽該旅行社的服務品質。以下將介紹旅行社之工作人員，如導遊、領隊、OP等人員。

(一)導遊人員

指執行接待或引導來本國觀光旅客旅遊業務而收取報酬之服務人員。

(二)領隊人員

指執行引導出國觀光旅客團體旅遊業務而收取報酬之服務人員。

(三)業務人員和OP人員

除了導遊、領隊人員外，一般而言，旅行社最基層的工作人員為業務人員和OP人員。業務人員顧名思義就是要拉業務、找尋新的客源，或是向舊客戶推銷產品等。至於OP則為旅行業界的專用術語。OP其實是英文operator（操作者）的簡稱；廣義的OP人員，是指旅行社內除了財務和總務工作以外的內勤人員。狹義的定義則為：旅行社內專門負責與各航空公司、國內外飯店來往的內勤人員。而OP人員所負責的工作為：電腦文書工作、DM製作、機票販售、機位及飯店安排、餐飲、採購、遊覽車、船舶、導遊、領隊、辦理護照簽證、收款等。依照公司規模而言，旅行社OP人員可細分為以下幾類：

1.團體OP：指的是安排公司行號等自組團體的旅行預訂作業，例如公司業務人員接了一筆到歐洲旅遊的團體，就交由團體OP來預訂機票，以及行程中的食宿、交通、保險等前置作業。

2.商務OP：指的是安排個人自行前往國內外旅遊，或商務拜訪的預訂作業，例如台積電公司派駐上海的幹部，為他安排個人機票、住宿、交通、保險等前置作業。

3.票務OP：指的是專門負責訂機位，交由業務員販售的內勤工作，票務問題非常複雜，經常有變動狀況，需要定期上課學習。

4.訂房OP：指的是專門負責訂國內外旅館房間，交由業務員販售的內勤工作，這需要較強的外語與電腦操作能力。

5.線控OP：指的是專門負責規劃旅遊路線的內勤工作，此工作通常與訂房票務作業結合。

6.團控OP：指的是專門負責旅遊路線、財務支出控管的內勤工作，此工作通常與線控作業結合。

7.同業OP：又分為團體同業與直客同業兩種。

(1)團體同業OP：指的是A旅行社接了一團前往尼泊爾朝聖的團體，但A旅行社本身並無此路線，就委由專擅此路線的B旅行社代為操作，B旅行社再交由公司內部的同業OP處理所有的前置作業。

(2)直客同業OP：指的是A旅行社接了一個前往尼泊爾朝聖的客

人，但A旅行社本身並無此路線，就交由專擅此路線的B旅行社代為安排參團，B旅行社再交由公司內部的直客同業OP處理所有的前置作業。

從上述可知，OP人員所負責的層面十分廣泛，舉凡團體的飲食、飯店、票務、與當地旅行社接洽、找領隊、證件、機票、遊覽車等，所以很多的業務人員和導遊、領隊都希望能遇到負責的OP人員，否則旅行途中發生了問題，例如：房間數量訂錯、門票沒買、簽證沒簽、機票上的名字錯誤等，可就麻煩了。所以，一個團體的成敗盈虧與OP人員息息相關。但是，至今並無特定的文獻資料針對OP人員的養成、培訓、教育提供研究，所以OP人員通常都是到了公司後，才開始學習，這不但耗費旅行社資源，且沒有明確的工作內容，使得OP人員的職務沉重許多，因此建立OP人員的專業能力分析為當務之急。

專欄六　選對人　做對事

台灣有句諺語說：「不識貨，請人看；不識人，死一半。」招聘面談是一門大學問，人人都會面談，人人都會找人，但為何員工流動率卻居高不下呢？其實在就業市場上「千里馬」多得是，但是會相馬的「伯樂」不多見，否則企業內為什麼會有那麼高的流動率？離職的人大多是企業想要的人，而留下來的人卻有一部分是「拜託他走」他卻不會走的人，所以主管在面談前、面談中以及面談結束時，得要注意下列的面談技巧，「伯樂」才能找到「千里馬」。

1.選人的關鍵在於企業需要什麼人才？人才標準是什麼？市場上哪裡可以找得到這種人？這種人才的價錢是多少？
2.瞭解每個職缺的工作內容，分析該職缺所應具備的專業知識與技

能外，這個職缺還需要具備哪些行為（團隊能力、分析能力、決策能力、服務能力等），將來才能替你「分憂解勞」。

3.研究並分析自己部門內的人力資源與外部主要競爭對手所擁有之人才做一比較，才能取得人才的競爭優勢。

4.擇人時不能「心太軟」，這是對團隊和企業的不負責任，因為企業不是「慈善機構」收容「可憐」的人，而是要找到能替企業「聚寶」的「進財人」。

5.找人要遵守寧缺勿濫的原則，不要有交差了事的心態。找IQ（智商）的人重要，找EQ（情緒智商）、AQ（逆境商數）的人也重要，也就是企業要能找到「3Q」的人。

6.重視員工人格特質與企業文化的搭配度，才不會讓員工「我行我素」，一粒屎壞了一鍋粥。

7.要清楚員工怎麼請來（招募管道），就會怎麼走，所以重金挖角不是好方法，因為能用金錢挖來的人，也會被別家公司用重金「禮聘」而去，企業找來的人，唯有認同其經營理念，才能長相廝守。

8.成功的企業較能吸引人才，而好的人才又能進一步促進企業成功。

9.「從優秀到卓越的公司」領導人，在推動改變時，先找對人上車（把不適任的人請下車），然後才決定要把車子開到哪裡去。

10.在決定誰才是「對」的人時，個性或內在特質比教育背景、專業知識、技能或工作經驗都重要。

11.尋才是用人單位與人力資源部門共同合作完成的事，而不只是人力資源部門的事。

除此之外，最重要的還是要讓人才各盡其用，發揮他們最大的力量，這也正印證了孫中山先生在〈上李鴻章陳救國大計書〉中所提到的

「人能盡其才」的道理：「教養有道，則天無枉生之才，鼓勵以方，則野無鬱抑之士，任使得法，則朝無倖進之徒，斯三者不失其序，則人能盡其才矣。人既盡其才，則百事俱舉；百事俱舉矣，則富強不足謀也。」國家用才如此，企業用才又何嘗不是這樣呢？

資料來源：丁志達。〈選對人 做對事〉，中華企業管理發展中心，人力資源管理專欄刊載資料（22），http://www.china-mgt.com.tw/old/hrm-22.htm。

第二節　遊樂園介紹

由於國人對休閒遊憩的日益重視，不但重視量，在質的考量更加審慎。而旅遊型態的多元化，讓原有的公營風景區已無法滿足國民旅遊的需求，因此開啟了民間資金積極投入遊樂區建設的風氣。民營遊樂區經過幾年的發展，已逐漸超過公營風景區，成為近年來國民旅遊的主流之一，此可補強國內旅遊空間不足的問題。近年來，由於國人對休閒旅遊的品質提升，消費者對原有一般遊樂園大同小異的遊樂設施會有厭倦，使得遊樂園業界整體的發展面臨考驗（栗志中，2000）。而早期的遊樂園主要以純靜態式的人工景觀遊樂區為主，日後受國人海外旅遊風氣盛行、眼界提升影響下，國人對主題樂園遊具的速度、刺激感及品質的要求也相對提升，所以演變至今大多數的遊樂園皆朝向以大型機械主題遊樂園為主，而未來遊樂園的趨勢將以「文化」加上「創意」及「科技」的整體表現，然後透過商業機制加以產業化。換言之，遊樂園除了大型機械設施外，還需加入文化與創意。

目前主題樂園屬於「三高」產業，高投資、高人力、高風險，且資金密集、資源密集、人才密集及勞力密集的四大密集產業。台灣觀光休閒遊樂產業，面對此一全球性的未來龐大商機，一方面要因應愈來愈嚴重的少子化現象；另方面一定要發展愈來愈有商機的海內外銀髮族群，以及可預期的兩岸三通和國際客源的行銷推廣。產業必須提供一個具有國際化、多元化、全齡化、規模化、全客層、全家同樂的度假樂園。此外，遊樂園主要功能具有以下九項：冒險性（adventure）、親水性（beach）、挑戰性（challenge）、夢幻性（dream）、教育性（education）、功能性（function）、趣味性（game）、健康性（health）及互動性（interactive）（游國謙，2004）。

目前台灣面臨「五個結構性的挑戰」與「五大不足」，分別是：國際化、科技化、高值化、多元化與品牌化的結構性挑戰，與客源能量不足、國際化不足、創新研發不足、企業化不足與科技化不足。台灣必須正視國際性競爭時代的到來。須以國際化的品質、眼光與能力，整合國際化的科技、技術、知識與人才的資源，加速追求國際級的服務品質與品牌價值。事實上，台灣觀光休閒遊樂業者，已經意識到國際化品質的必然趨勢，有部分較具規模的業者，已逐步將內涵不斷豐富，遊樂經驗不斷累積，積極將遊樂設施與活動演出由單一性走向複合性，由淺層性走向深層性，由區域性走向國際性，同時也由過去「為遊客提供遊樂場所」走向「為遊客提供體驗活動」。並落實以「三星級的投資成本、四星級的營建品質、五星級的尊榮服務、六星級的感動體驗」（游國謙，2004）。

遊樂園的主要產品乃為提供歡樂與夢想的無形感覺，這種感覺無法完全來自硬體設施，而必須配合服務人員的態度與行為才能達成。可以說，遊樂園的服務是由「人」所創造並提供的。如迪士尼樂園的成功，就是將平凡無奇的人改變成一個可以產生無限附加價值的「迪士尼人」。藉由這些服務人員，亦可說是演員去經營迪士尼樂園的歡樂氣氛，使每一個到過迪士尼樂園的人都能獲得很快樂的經驗。因此，迪士尼樂園成功的因素除了硬體設施外，軟體服務人員扮演著重要角色，故服務人員的良好服務態度，如友善、服務熱誠、積極服務及解決問題等為遊樂園業者應加強注意的地方。

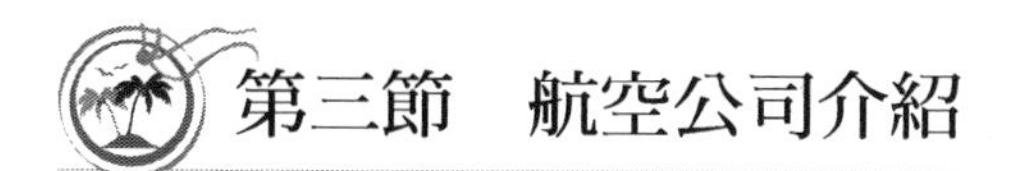

第三節　航空公司介紹

隨著商務的繁忙與旅遊的普及，開啟了航空事業的蓬勃發展與相互競爭的環境，近年來，國內航空事業為了發展競爭優勢，不斷地提升服務品質以期獲得消費者青睞。但自西元2001年美國911事件發生過後，對於全球航空市場造成嚴重的衝擊。再加上2003年首次發生人類面臨攸關生死的空前恐慌SARS事件，導致國內外旅遊市場出現乏人問津的現象，相對於航空業市場亦出現供過於求的狀況，導致平均載客下滑，各家業者普遍均呈現虧損現象。此外，受到全球景氣低迷的影響，國內航空業者一直期待開放大三通直航，以提升兩岸運輸效益，刺激兩岸客貨運市場需求，以降低高鐵對國內航空業者的衝擊。

現今國內各家航空公司機位處於供過於求的情況，其所面臨的新挑戰，乃是競爭者們不斷推陳出新的競賽威脅。除了加強彼此之間營運上的整合與策略聯盟，亦必須省思如何鞏固載客率。但是載客率的鞏固，則有賴於航空公司品牌的建立與服務品質的提升。而旅客搭乘時與航空公司人員的接觸，就是前場的服務人員。國人在消費意識提升、一切強調「顧客導向」的市場中，航空公司須以精緻的服務品質來吸引消費者，而談到航空服務事業之服務品質，經由各項研究報告顯示，空中服務部分占了一個非常大的環節，擔任服務傳達的空服員扮演著非常重要的角色。旅客在空中的時間通常是對航空公司人員接觸最長之時段，就旅客搭機對航空公司服務優劣之印象而言，空中服務與旅客之關係實為最密切。空服員的服務態度是影響航空公司服務品質的重要因素。因此本小節介紹空服員的定義、空服員工作特性，以對空服員有進一步瞭解。

一、空服員的定義

依據民航局「民用航空法規彙編」（第一冊）「航空器飛航作業管理規則」第一章第二條第十一項對客艙組員之定義：「由航空器使用人或機長指定於飛航期間在航空器內從事與乘客有關安全工作或服務之人員，但不能從事飛航組員之工作。」國際民航組織（International Civil Aviation Organization, ICAO）指出：「所謂空服員是航空組員的一部分，其在飛機上所擔任的任務是廣泛的，除了於機上提供服務：如餐飲服務、免稅品販賣、客艙清潔及一般的醫務協助之外，尚包括乘客在緊急事件發生時安全。」另外，根據謝淑芬（1993）對空服員的定義如下：空組員通常由一位座艙長和數位男女空服員組成，每一位空服員以能照料二十五位乘客為原則。空服員雖不需經民航局考試，也不需領取執照，但必須經過航空公司之嚴格訓練，包括學科與術科作業程序實習、緊急救生訓練，此外也需空勤體格合格方能擔任工作，此外，亦須具有相當的語言能力、友善程度及專業能力。

二、空服員工作特性

空服員就是一般人口中的空中小姐或空中少爺，服務對象涵蓋各年齡層與不同國籍之旅客，其主要工作內容是為機上旅客提供服務，如飲料、餐點、旅行常識與簡單的醫務協助，如遇緊急事故必須迫降海上或陸地，空服員應該根據平日訓練程序，在機長指導下，協助旅客迅速安全撤離飛機。關於空服員的工作特性分述如下（環宇航空學苑，1999）：

(一)工作內容

空服員的工作內容大致可分為值勤前、旅客登機、飛行中及降落四階段：

◆值勤前的任務

空服員必須在飛機起飛前兩小時到公司完成報到手續，報到時服裝儀容必須完成，座艙長會集合全體空服員作任務指示及任務分派，機長則會作關於飛行狀況的簡報，之後驅車前往機場，登機後先做客艙安全檢查，包括機上設備與緊急用品設備；接著做服務用品檢查，包括餐點、免稅品及一般服務用品。

◆旅客登機時的工作

空服員登機後需整理報紙雜誌，準備毛巾、飲料及預熱餐點，旅客登機時，於機門歡迎，指引乘客座位，並發放報紙、雜誌及毛巾，起飛前救生衣示範及檢查乘客是否繫上安全帶等安全檢查工作。

◆飛行中的工作

起飛後空服員工作更加繁重，首先需發放入境表格、毛毯、枕頭給乘客，掌管廚房的人負責熱餐及準備送餐用品，其他空服員則先做餐前飲料的服務，之後會送餐及收餐，若是長程線則有二至三次的送餐服務，另外還有免稅品販賣服務，其他服務則視狀況而定，例如協助填寫入境表格及應答乘客的零星需求等，且在飛行途中需不時的巡視客艙，保持客艙與廁所的清潔。

◆降落時的工作

飛機要降落時，檢查乘客是否完成降落前準備，並收回報紙、耳機等，另外還需將機上服務用品歸位收好；飛機停穩後，一一向乘客道別，有些航空公司要求空服員需鞠躬致意。

(二)工作環境與時間

空服員工作地點是在飛機機艙內，活動範圍非常有限，因其工作場所的特殊，故有相當的安全性考量，因此，航空公司對於空中服務工作事項皆制定標準作業流程，空服員必須按照訓練時的操作規定進行空中服務工作。空服上班班表都由航空公司排定，航空公司對空服員工作、飛行及休息時數等都有具體規定，以電腦排訂班表，且每月班表皆不同，同事之間可協調互換班表但需按照公司規定，以長榮航空為例，空服員每月飛行時數約80小時，並以不超過100小時為原則，每月至少需休假五日。

(三)薪資與福利

空服員每月薪資計算方式為：底薪、飛行加給與外站津貼之總和，但不同航空公司之底薪不同，對飛行加給與外站津貼的算法也不同。以長榮航空為例，其薪資計算方式為：底薪約28,000～30,000元（依學歷的高低而不同），飛行加給與外站津貼後，每月約五萬多元；外站津貼的計算方式為每小時新台幣60元。福利方面，航空公司提供年休假、免費與優待機票等，每家航空公司的福利不盡相同。

(四)薪資福利與資格條件（如表6-1、表6-2，僅供參考，各航空公司會因各種因素而調整薪資福利等條件）

空服員雖不需經過民航局檢定，也不需領取執照，但因空服員與旅客關係密切，其服務態度會直接影響乘客對航空公司評價，各家航空公司對空服員進用及訓練都很重視。空服員國籍雖然無限制，但本國籍本國航空公司空服員大部分均進用本國籍的人，男女不均，但以女性占多數，新進人員年齡大多限制在二十六歲以下，而服務年

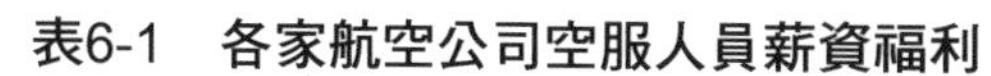

表6-1　各家航空公司空服人員薪資福利

華航		
底薪	**飛行加給**	**薪資明細**
NT$22,000	基本飛行60小時NT$14,400 61~75小時，時數 x 200 x 1.5倍 75小時以上，時數 x 200 x 2.4倍	底薪+旅費（US$2/小時）+飛行加給
薪資總額	**簽約年限及違約金**	**福利**
約NT$55,000元	簽約三年，違約金約NT$60,000，逐年遞減	三節獎金、年假、免費機票、年中（7月）、年終（12月分紅）、免稅品銷售分紅2%
長榮		
底薪	**飛行加給**	**薪資明細**
大學組 NT$30,000 大專組 NT$28,000	60小時之內，NT$130 x 1.25倍 60~75小時，NT$130 x 1.5倍 75小時以上，NT$130 x 1.75倍	底薪+旅費（NT$60/小時）+飛行加給
薪資總額	**簽約年限及違約金**	**福利**
約NT$53,000元（飛行以75小時）	簽約五年，違約金一年約NT$30,000	三節獎金、年假、免費機票、 制服免費送洗、一年提供36雙絲襪
華信		
底薪	**飛行加給**	**薪資明細**
NT$20,000	保障飛行60小時，NT$11,888	底薪+旅費（US$2/小時）+飛行加給
薪資總額	**簽約年限及違約金**	**福利**
約NT$53,000元	簽約三年，違約金約NT$60,000，逐年遞減	三節獎金、年假、免費機票、免稅品銷售分紅2%
新航		
底薪	**飛行加給**	**薪資明細**
NT$30,000	以單趟飛行之天數長短來計算	底薪+誤餐津貼+膳食費+租屋津貼+洗衣費+出差費（新加坡以外城市）
薪資總額	**簽約年限及違約金**	**福利**
約NT$70,000元	簽約五年，無違約金，約滿後離職有退職金	洗衣費、住宿費、交通津貼、年假21天、機票優惠、年假、三節獎金
國泰		
底薪	**飛行加給**	**薪資明細**
HK$10,000~11,000	當天來回每小時HK$50元 長班飛行每小時HK$185元	底薪+外站零用金+房屋津貼（HK$5,500）

(續)表6-1　各家航空公司空服人員薪資福利

薪資總額	簽約年限及違約金	福利
約NT$60,000元（飛行以75小時）	簽約三年，無違約金	租房津貼、年假機票優惠、年終分紅、免費醫療
聯合		
底薪	飛行加給	薪資明細
以趟數來計算，每月飛約3~4趟	新進人員US$20/小時（資深人員約加倍的薪資） 一趟飛行US$115津貼	96小時 x 20+US$115 x 4趟+其他津貼（洗衣、停車、銷售免稅品）
薪資總額	簽約年限及違約金	福利
約NT$90,000（約美金3000元）	無	制服送洗津貼、年終分紅、年假21天、機票優惠
日亞航		
底薪	飛行加給	薪資明細
NT$26,000	40小時為基本時數，每小時NT$250	旅費（每晚依物價指數US$30~90不等）
薪資總額	簽約年限及違約金	福利
約NT$70,000元(飛行以75小時)	簽約二年，有醫生證明可不用付違約金	交通津貼、年假、機票優惠、年中（7月）、年終（12月）分紅
遠東		
底薪	飛行加給	薪資明細
NT$25,300	78小時之內，NT$272/小時 78~88小時，NT$272/小時 x 1.5倍 88小時以上，NT$272 x 2.2倍	底薪+餐費+飛行時數+旅費（外站US$2/小時）
薪資總額	簽約年限及違約金	福利
約$60,000元	簽約兩年，違約金八萬，逐年遞減	三節獎金、年假、機票優惠
復興		
底薪	飛行加給	薪資明細
NT$22,000	NT$270 /小時 一年調漲20元	底薪+飛行加給+旅費（住宿一天NT$550）+伙食費NT$1,800/月
薪資總額	簽約年限及違約金	福利
約NT$50,000元	簽約兩年，違約金十萬，逐年遞減	三節獎金、年假、機票優惠

資料來源：環宇航空學苑， http://www.air-line.com.tw/infor_01_3.htm。

表6-2 各家航空公司空服人員資格條件

國際線之空勤

航空公司	視力	身高	學歷	年齡	語言	備註
華航	裸視0.1	女 160cm↑ 男 170cm↑	大專	女25歲↓ 男28歲↓	中、台、英	
長榮	不限	160cm↑	大專（應屆） 護士（三年經驗）	24歲↓ 26歲↓	中、台、英	
華信	裸視0.1	女162~173cm 男173~183cm	大專	女25歲↓ 男28歲↓	中、台、英	
新航	不限	160cm↑	大專	26歲↓	中、台、英	
日亞	裸視0.1	158cm ↑	大專	25歲↓	中、日、英	應屆
國泰	裸視0.1	伸手摸得到208公分	大專、高中	19歲↑	中、台、英	
聯合	不限	女158~183cm 男158~183cm	大專、高中	21歲↑	中、台、英	
泰航	不限	160cm↑	大專、高中 需多益550以上	26歲↓	中、台、英	
海灣	不限	160cm↑	大專、高中	21歲↑	中、台、英	
安捷	不限	158cm ↑	大專、高中	28歲↓	中、台、英	
阿酋	不限	160cm↑	大專、高中	22歲↑	中、台、英	
美國大陸	不限	158cm ↑	大專、高中	35歲↓	中、台、英	
澳門航空	不限	160cm↑	大專、高中	37歲↓	中、台、英	

國內線之空勤

航空公司	視力	身高	學歷	年齡	語言	備註
遠東	裸視0.1	女160~170cm 男170~180cm	大專	30歲↓	中、台、英	
復興	裸視0.1	女160~170cm 男170~178cm	大專	30歲↓	中、台、英	
立榮	裸視0.1	160cm	大專	25歲↓	中、台、英	

空中翻譯員

航空公司	視力	身高	學歷	年齡	語言	備註
加拿大航空	不限	不限	不限	不限	中、台、英	
印尼森巴迪	不限	不限	不限	不限	中、台、英	
澳洲航空	不限	不限	不限	不限	中、台、英	
荷航	不限	不限	不限	不限	中、台、英	

資料來源：環宇航空學苑，http://www.air-line.com.tw/infor_01_1.htm。

限則依據「勞基法」之規定，可以服務到五十五歲，身高大都要求一百六十公分以上，有些航空公司只要一百五十八公分以上，視力多半要求裸視至少0.1以上，矯治後達1.0以上；學歷大部分要求大專以上；語言方面，要有相當英語能力，有些航空公司甚至要求會說台語或日語人員等。

(五)空服員之服務與訓練

為提高服務品質及保障飛航安全，航空公司對新進空服員都施以嚴格訓練，除了公司簡介與宗旨，航空公司對空服員的訓練大致可分為地面學科的訓練與機上實習兩部分（空姐情報誌，1999）：

◆地面學科的訓練課程

地面學科的訓練課程是空服員的養成訓練，訓練時間各家航空公司長短不一，通常需要三個月。其訓練內容大致分為以下六項：

1. 緊急逃生訓練：課程包括飛機上逃生門及緊急裝備介紹操作，救生衣示範練習、急救訓練、游泳訓練等，有些公司都有與實際飛機大小之模擬訓練機，供空服員實施海陸逃生、火災逃生等演練。
2. 安全訓練：包括組員資源管理、反劫機流程、爆裂物及危險物品處理、粗暴旅客處理等。
3. 服務訓練：包括服務流程、服務技巧、酒類知識及調酒、特別餐處理等。
4. 語文訓練：包括中英文廣播訓練（有些公司有台、日語廣播訓練）、常用英文（台、日語）會話等。
5. 醫療急救訓練：包括心肺復甦術、藥物常識、急救常識等。
6. 儀態訓練：包括個人服裝儀態、髮型與化妝技巧、與乘客的應對進退等。

◆機上實習

通過學科測驗後，安排上機跟機實習，實際參與機上服務過程，俾能熟稔服務內容及流程，加強隨機應變及應對的能力，跟飛實習的時間大約需要一至三個月。

訓練的地面學科及實習都會給予評分，如果其中一項成績未達標準則不予錄取。另外空服員每年至少會安排一次年度複訓，內容偏重緊急逃生演練與安全訓練，複訓如未通過即喪失飛行資格。

由上述得知，航空業對於空服員的要求，不只要求外表儀態，服務人員之語言能力、應變能力及專業能力等皆需接受嚴格之訓練。

第四節　個案與問題討論

小魯丹兒的日記（下）

最後一天，2007年6月16日

今天一早我們就從台灣中部搭遊覽車到桃園機場，回去前導遊姊姊發了一張紙給我們，爸拔說那可以代替我們團購台灣的蔬果或名產，比如說大甲芋頭酥、奶油酥餅、屏東黑珍珠蓮霧、白米村的米、阿里山的高山茶……，爸拔說，這些東西大陸買不到，我訂了幾箱回去家鄉給嬤嬤還有老爺，還有親戚們吃吃。

領隊姐姐說，這些名產不買很可惜，媽麻也贊成爸拔用訂的，比較不用扛了老半天，麻煩得很。上了飛機，我好累哦，就不知不覺得睡著了，小魯丹夢到正在日月潭和爸拔、媽麻划船，結果爸拔和媽麻說要下去游泳，結果兩個人就跳下去了，結果船一直搖來搖去，好不可怕，所以我就被嚇醒了，原來只是一場夢而已，真是嚇死小魯丹了。

突然「哎呀！燙死俺地ㄟ……」（鞏伯伯，山東腔：哎呀！燙死我了！）一句，發現有一群大人圍在鞏伯伯身邊，領隊跑了過去，後來空服員阿姨也拿了一包冰袋過去，不知道怎麼地，我好好奇，可是我站在椅子上也看不到究竟發生什麼事情。

場景：飛機在台灣海峽上頭，2007年6月16日

「伯伯您好，請問您需要什麼？」空服員見到有位乘客亮了服務燈後，隨即到了跟前小聲詢問著。

「小姐，我想要一杯熱茶水，可以給我一杯嗎？」（老先生說）

「伯伯，那請您稍等一下，我馬上去倒哦。」空服員話講完，一個箭步地就往製餐區泡杯烏龍茶，送往伯伯那裡。

「伯伯，您的熱茶來了，因為茶水很燙，請您務必要等一下再喝？」空服員緩慢地將這位老先生座位前的小桌子拿了下來，並把這杯烏龍茶放好來。

「好，謝謝。」老先生想從茶杯的溫度上來取暖，心想：「好渴哦！不過還再冒煙，應該是很燙吧！不然～」他緩慢地將熱茶杯拿起靠近嘴邊，呼～呼～地準備吹冷它，一面吹，一面小心翼翼地以唇試溫。

在老先生以唇試溫兩三次之後，他漸漸能夠拿捏些「喝到熱茶」的竅門。不料，正在繼續「試溫」的同時，飛機像是遇到小亂流，突然一陣猛力搖晃。

「哎呀！燙死俺地ㄟ……」

這下，整杯熱水就倒在老先生的西裝褲上，不由得老先生哀嚎。坐在老先生旁的同伴簡直嚇壞了，一直在旁邊大呼小叫，領隊馬上發現有狀況，趕緊地走到老先生的身旁瞭解，一股小躁

動，空服員一聽到聲音，直覺地認為那杯茶一定是倒了，因此，趕緊拿了一包冰袋，走到老先生前，領隊正試著說服老先生處理燙傷的部位。不過，老先生仍然很堅持，於是這件事情，兩方人堅持了將近半小時，最後，老先生忍了半天的燙傷痛，終於首肯答應，但是只肯先冰敷，抵達陸地後，領隊再看老先生的情況，想辦法找醫院處理。

問題討論

1.請問您覺得個案中空中小姐與領對人員的處理方式適宜嗎？
2.請問航空公司的空中小姐應受哪些專業訓練？
3.請問身為旅行業的帶團領隊應具備哪些能力，如意外事件或危機處理？

第七章

會議與展覽

第一節　會議產業的起源與發展現況

第二節　我國會議展覽產業之優勢與劣勢

第三節　台灣會議展覽產業未來之發展方向

第四節　個案與問題討論

近年來，我國的產業結構已蛻變為以服務業為主的產業型態，政府為了能在此經濟結構轉型之際繼續維持國家競爭之優勢，因此在整體發展策略上，不斷強化知識經濟與服務業經濟。因為進入二十一世紀後，知識經濟與全球化已成為時代的主流，世界各國無不努力地積極培養高素質人才，朝向資訊型社會結構邁進，進而發展知識密集之服務性高附加價值產業，即所謂的「經濟服務化」（呂秋霞，2005）。此外，受到全球化浪潮影響下，營造國家的特殊魅力並轉為經濟優勢，已是各國發展之關鍵課題。而在新興的經濟服務產業中，會議展覽服務業由於能帶動商業、服務業及旅遊業上下游產業的整體發展，並產生龐大乘數效應，又兼具有「無煙囪產業」的特質（葉泰民，2004），加上行政院在「挑戰2008：國家發展重點計畫」中，也將「會議產業服務業發展計畫」列入重要項目之一。因此，本章首先將介紹會議產業的起源與發展現況，進而探討我國會議展覽產業之優勢與劣勢，最後分析台灣會議展覽產業未來之發展方向。

第一節　會議產業的起源與發展現況

會議展覽產業即是會議（Meeting，泛指一般會議，包括企業界的會議）、獎勵旅遊（Incentive，各公司、工廠獎勵他們的員工或下游經銷商的旅遊）、大型會議（Convention）及展覽（Exhibition）的合稱，又稱為MICE產業。而在介紹MICE產業之前，必須先瞭解這個產業的起源與發展。其說明如下：

一、會議產業的起源

根據考古學家研究古代文明發現，自有人類以來就有會議活動，且自早期歷史記載，集會、大會等活動，一直是人類生活的一部分。因為當時人們常會聚在一起討論共同的興趣，例如打獵計畫、部落慶典等。因此，在每個村莊或城市都設有一處人們共同集會的場所，當這些特定的地理區域逐漸形成商業中心後，這個城市便成為人們交易貨物或討論公共問題的聚會地點（Montgomery & Strick, 1995）。但有學者指出，追溯會議的演進應是從羅馬時代的不列顛及愛爾蘭開始，因為當時人們有大量的交易及商業的需求，在安全考量的情況下，形成了會議室及會議地點的發展。例如：在羅馬時期即有現代所謂的「論壇」，尤其在當時，論壇是一種有組織的會議，用以討論國家的政治以及國家的前途；另外，在古英格蘭時期，也有著亞瑟王的圓桌會議，其目的是用來討論犯人的審判（Shone, 1998）。直到十九世紀末二十世紀初，隨著工業和貿易的發展，商人及企業家之間的聚會需要被物化，它才被人們所重視，並逐漸形成一種全球性的產業。

然而正式國際會議之開端是在西元1681年所產生，是在義大利所舉辦的醫學會議；而近代會議型式是源於西元1814年至1815年6月的維也納會議（Congress of Vienna），此會議目的是解決外交問題，關係到歐洲各國間重大利害關係，該會議的規模可和當今的聯合國會議相比擬（葉泰民，1999）。同時，美國也於1896年在底特律市成立了「會議局」（CB），成立原因是當時有一群底特律商人發現，有些社會團體及他們所舉辦的會議，為該城市帶來了相當可觀的收入，因此很有遠見的成立了第一個「會議局」這個單位，目的就是希望吸引會議主辦者到底特律來開會，但不久之後其他城市看到如此商機也陸續跟進；於是乎在1914年，又成立了「國際會議局協會」（International Association of Convention and Visitor Bureaus, IACVB），之後改名為國際會議及旅遊局協會（呂秋霞，2005）。後來在第二次世界大戰之後，人們的收入增加、可支配閒暇的時間變多，加上交通運輸技術的發達，使得會議業得以迅速發展，成為一個全球性的產業。

二、會議產業的發展現況

就當今全球的會議展覽產業來說，仍以歐洲及美國發展最為完整。台灣在政府及民間積極推動下，會議展覽產業快速發展。根據國際會議協會公布去年統計資料顯示，台北在全球舉辦會展城市排名由2006年的40名大幅前進至2007年的18名，在亞洲地區排名為第6名。外貿協會認為，舉辦國際會議和觀光效益息息相關，如果好好發展會展產業，對觀光收益將有極大幫助。

台灣每年都會舉辦不少全球性的會議，全都會列入全球會議產業界最權威的國際組織——國際會議協會（International Congress & Convention Association, ICCA）統計。外貿協會指出，ICCA對於國際會議定義為定期舉辦，而且最少要在三個國家間輪流舉辦；台北由2006年第40名大幅提升至2007年的第18名，在亞洲區城市排名也由第9名上升到第6名，僅次於新加坡、北京、香港、首爾、曼谷。這在在顯示，亞洲地區對會議展覽產業的市場占有率具有突破性的成長。因此以下將介紹美國、法國、新加坡及台灣的會議產業現況（經濟部，2005）。

(一)美國

依據ICCA與UIA對2004年全球舉辦國際會議展覽的排名統計指出，國家排序的第一名皆為美國。在參與會展的人數方面，ICCA的統計資料顯示，2005年共有561,543位的參與者，相較於2004年的355,517位多了10萬人左右。此外，根據Detlefsen（2005）的統計發現，美國活動數量從1989年舉辦了3,289場，到2004年時已增加至4,779場，每年平均的成長率約為2.5%（Detlefsen, 2005）。另外在經濟效益方面，根據Crystal（1993）的研究指出，美國的飯店業在1991

年時，約有34.7%的收入是來自於專業貿易型的會議市場，估計約有756億美元的收入；而飯店業者從展覽會和大型會議中約可得到166億美元的收入，從會議中約可產生63億美元的營業額（Crystal, 1993）。這在在都顯示出不論是從主辦單位的角度，或是由協辦單位的立場，會議展覽產業都有相當高的經濟價值，這也是為何美國對於會議展覽產業投入這麼多心力的原因了。

(二)德國

依據世界最大展覽組織德國商展協會（Association of the German Fair, AUMA）提到在國際貿易的市場中，有三分之二的全球性主導商品之貿易展覽於德國舉行。ICCA指出德國在2005年所舉辦的國際會議共有72場，其中柏林就占了21場。AUMA表示，在德國每年有超過5,000場次的B2B型態會議與年會，吸引了約400,000 人參與。德國會議展覽的參展者與參觀者，每年平均約花費100億歐元，在總體經濟產值上約可產生230億歐元，另外也提供了250,000個工作機會。由此可知，在德國的服務業裡，展覽產業扮演了主導的地位（經濟部，2005）。

(三)新加坡

近年來，亞洲地區的會議展覽產業開始興盛蓬勃的發展，而新加坡的會議展覽產業發展，在亞太地區是最受矚目也最有影響力的國家。根據2005年ICCA的統計資料指出，新加坡在國際會議城市排名是位居第三名，共舉辦了99場。另外新加坡旅遊局（Singapore Tourism Bureau, STB）也表示，新加坡每年約吸引14,500個國外參展者及超過200萬名國外商業旅客的參與，每年為該國帶來了超過8,800萬美元的收入，並間接創造了一萬五千多個就業機會；此外，依據2003年的統計顯示，國外的會議參與者平均每人花費1,417元（新加坡幣），參加展覽者平均每人花費1,759元（新加坡幣），而展覽的參觀者平均每人花費為1,557元（新加坡幣）。在人員停留於當地的時間顯示，國外的會議參與者平均每人停留5.19天，參加展覽者則是平均每人停留4.6天，而參觀者平均每人停留3.7天。有鑑於此，新加坡政府為了因應國外每年皆增加的會議場次和參與人數，除了不斷地給予補助及獎勵外，並積極地透過B2B的方式，拓展會議展覽的市場與促進經濟的成長。

(四)台灣

根據ICCA在2004年的全球國際會議城市及國家排名報告中指出，台北以舉辦34次國際會議，在全球國際會議城市中，名列第27名，且在國家排名中，名列第34名。這反映出台灣國際化程度與會議展覽籌辦能力備受國際肯定。根據中華民國對外貿協發展協會（2005）統計，台灣約有80%的國際會議是在台北地區舉辦，其中又以世貿中心為主要展覽會場，而在其他地區，則以國內展覽為主要導向。所以就台灣目前發展會議展覽的現況，有業者認為台灣的會議展覽產業市場規模太小，加上相關觀光、文化、環境等軟硬體設施的落後，造成整個產業無法有效的提升。再者，台灣會議展覽產業目前沒有一個較具客觀且權威的專業政府單位或機構，即使業者努力投入此行業，也將使得其未來會面臨更多的跨部會管轄權困境。因此，有業者建議，台灣應多多吸收歐美與亞太地區的會議展覽經驗，並在政府相關單位應給予更多的重視與協助之下，方能發展出更適合於台灣環境之會議展覽環境與文化。

專欄七　會議展覽行銷策略——Live Communication 的創新服務

因應全球行銷傳播的整合趨勢，歐洲率先在市場提出Live Communication的服務理念，針對非傳統廣告涵蓋的行銷傳播領域，如展覽、公關、促銷、活動行銷等，提出策略性的解決方案，尤其對於展覽產業更注入了嶄新的思維，以往被視為僅是建築或攤位裝潢的展覽設計服務，適用於強調產品展示的年代，然而當各家產品差異日益縮小之時，如何突顯品牌價值遂成為市場競爭關鍵，因此攤位設計不應只是展位空間與平面的規劃，在設計的初始階段就應進行品牌定位分析，針對展覽行銷目標與溝通群體，提出 Live Communication策略與行銷傳播組合，無論是攤位設計或是現場活動，皆依此策略作整體規劃，方能創造令人難以忘懷的深刻印象。

而理性與感性亦可稱為Live Communication服務的平衡兩端，理性指的是具邏輯性的思維、組織與管理，這是規劃所有展覽與活動皆必備的基礎；感性指的是創造一種面對面溝通的情境，引發好奇／參與、令人興奮／感動，這是品牌與目標群體溝通的最佳觸媒，也是傳統廣告所無法企及的，五感的真實體驗即是Live Communication最大的溝通價值，而其因應特定族群的個別化策略，亦使品牌行銷更具靈活的彈性。

以2005年6月15日的「Toshiba Truck-Tour: Be part of the game」為例，一個高達14公尺、室內面積達165平方公尺的充氣足球，以改裝的卡車作為裝載與移動工具，在2006年世界杯足球賽來臨的前一年，以Toshiba為足球大使之姿，跑遍全德國及奧地利，目的是：傳達Toshiba的品牌精神——速度與移動，而Toshiba正是開啟人類移動電腦願景的先趨。這是一個結合運動行銷、展覽及戶外裝置設計的Live Communication經典案例，Truck變身為充滿驚奇的電腦育樂場，讓觀眾可以自由入場體驗Toshiba最先進的功能。加上充氣的足球在白天標示著最具代表Toshiba特色的紅與白，不但醒目且與足球訊息緊緊相連；到了夜晚卸下布幔後，則成為一座不斷放送Toshiba品牌形象的球型多媒體螢幕，令人彷彿置身戶外電影院。總計兩百場的巡迴活動，在每一個可以精準接觸目標對象的場地舉行，「Be part of the game」實現了所有移動的至高夢想，Toshiba的品牌定位亦因此更加深植人心！

反觀現今的台灣，傳統製造業正在轉型，以設計、技術為核心的科技服務業將成為主流，原有的OEM廠商亦愈來愈強調品牌價值，當我們所服務的客戶已經在轉變，我們自己怎能原地踏步呢？我們應該借鑑Live Communication的模式，期許台灣在會展及活動產業中能持續創新服務，創造更具效益的服務價值。

資料來源：涂建國（2006）。〈Live Communication的創新服務〉，《展覽與會議》，頁68。

第二節　我國會議展覽產業之優勢與劣勢

想要成功的發展會議展覽產業，首先必須充實優質的產業能量，還要不斷地活絡商業、科技、政治、文化、體育、藝術及學術等活動，使之構成為國家經濟主體。因為舉辦會議與展覽不僅可作為國際專業資訊交流平台，亦可提供更多商機與技術討論發展空間。而台灣會議展覽產業發展迄今只有二十餘年的歷史，雖然位處於優越的地理位置，未來發展也有相當優勢的條件，但由於起步相較於歐美國家晚，加上缺乏會展專業人才之培訓機構，致使我國會展專業人員與歐美等國有較大的落差。因此，在許多方面亦有改善及成長的空間，以下將繼續討論目前會議展覽產業所擁有的優勢與劣勢。

一、我國會議展覽產業之優勢

(一)豐富之企業與學術能量

這些年來，我國的資訊產業及半導體產業在全球國際貿易市場占有相當重要的地位，甚至已成為相關產業的重鎮。對會議展覽產業而言，這樣的發展是有助於我國主辦重要會議與展覽之機會。另外，我國在各領域的學術成就，均有明顯地突破與進展，例如2001年我國在「科學引用文獻索引」（SCI）發表篇數達到10,635篇，國際排名為第17名，這在在顯示我國有高度的學術發展能量（翁御祺，2005）。加上會議與展覽本身即是大量的資訊交換活動，故企業的蓬勃發展與學界的能量，自然是建立會議展覽產業之能量基石。

(二)蓬勃之民間力量

雖然受限於我國政治地位無法提升，而無法主動參與或主辦重大的國際交流活動，但是在民間團體積極經營之下，不但有效地營造出多元的地方文化，還成功地將歐、日之社區營造經驗融入我們的社區文化（王惠君譯，1997）。如此一來，不僅可以拉近國與國之間的社區交流，還可以透過社區文物展覽館、博物館等，來增加會議展覽的可能性。除此之外，舉辦文化活動也可藉以提升會議展覽產業的創意與深度，可謂是會議展覽產業與文化創意產業之良好基礎。因此，政府部門應積極輔導蓬勃的民間力量，在會展業規劃上擴大公眾參與空間，推動非政府組織國際NGOs（Nongovernmental Organizations）間交流互動，提升我國實質國際參與。

(三)政府之積極輔導

世界各國為推動會議展覽產業，多數會設置會展觀光機構

（Convention and Visitors Bureaus, CVB）來整合區域資源，以提供其行銷策略（葉泰民，2004）。我國雖然並未設置此機構，但改由觀光局之會展科負責相關政策之推動。尤其近些年來政府已開始正視會展業發展的重要性，特別在「挑戰2008：國家發展重點計畫」中，將「會議產業服務業發展計畫」列入重要項目。同時，經濟部也推動「會展服務業四年發展計畫」，預計將投入新台幣十二億元經費輔導計畫，橫向整合四個子計畫，以推動會展產業之快速發展。並且在未來持續朝建構具有國際吸引力與競爭力的會展環境、創造相關產業之附加價值、發展國際會展技術及人才培育重鎮等方向發展，以達成我國會展產業產值倍增、扶植會展業者國際化發展，以及塑造台灣成為國際會展重要國家的願景（台灣會議展覽資料網，2006）。

(四)多元之文化與生態資源

由於台灣位於熱帶與亞熱帶間，擁有豐富的生態資源及特殊地形景觀，可謂是全球少見之生態熱點。加上台灣的地理區域，自十七世紀即為各國兵家必爭之地，包括西班牙、葡萄牙、荷蘭、美國與日本等外來文化，以及福佬、客家、外省、原住民等固有文化，使得台灣這塊土地變得更有特色，特別是在不同時代所留下的歷史紀錄，造就出許多珍貴淒美的故事與歷史遺產；而這些生態景觀及文化資產即是台灣最珍貴的資源。因為這些資源除了有助於我國推動相關學術研究與觀光旅遊，更有助於台灣爭取舉辦相關重要的會議與展覽。

二、我國會議展覽產業之劣勢

(一)外交困境待克服

會議展覽產業為服務業的一環，但多年來兩岸間存在錯綜複雜的歷史情結與政治問題，加上國內政黨亦紛爭不斷，迫使許多政策法令因此而受影響。這對會展產業發展而言，不但無法提升會展市場規模層級，更會降低國外買主與專業協會／機構來台參與或辦理會展的意願。因此，期望政府能積極爭取加入許多重要國際組織之正式成員，並能盡快解決兩岸敏感問題和放寬外國人士來台條件，如此一來，業者才有機會爭取到主辦世界級規模之國際會議與展覽（如APEC與世界博覽會等）機會，否則若持續封閉，相信未來前景一片堪慮。

(二)專業人力待培養

會議展覽產業是一個具有高度產業關聯的行業，然而國內為何會缺乏競爭力，是因為目前的會展業發展，缺乏系統性與制度化之教育訓練及資格認證，加上現今各大專院校仍缺乏針對培養會展業人才設計之系所與正式課程，迫使業者需從其他領域尋覓人才，導致於人力資源良莠不齊。此外，由於會展市場規模有限，在僧多粥少的情形下，造成周邊協力廠商替換率與流動性高，無法成為周邊業者穩定的收入來源。因此，為能擴展會展業規模及提升國際競爭力，在專業知識方面：可仿照英國、德國、香港、澳門與新加坡等，將會展業訓練納入學校正規教育之中。甚至獎勵國外會展業者進駐，並從中吸取國外業者成功會展經驗，都有益於國內會展人才培養及產業升級（台灣會議展覽資料網，2006）。另外在協力廠商方面：相關單位應統一管理周邊業者，擬訂完整且合適的規範，並加強人才培育，如此才能儲備會展業永續發展的人力資源，未來才有機會爭取更高階國際會展之主辦權。

(三)展場硬體設施待加強

檢視目前國內會展硬體資源，在展覽館方面：主要大型展覽館都集中在主要都會區，尤其以北部居多，造成嚴重的城鄉落差。在展場周邊環境方面：展覽場周邊停車位不足，容易造成周邊交通混亂，加上展期施工進出場時間過短，嚴重影響周邊協力廠商上下貨及施工速度與會展品質（經濟部，2005）。因此，未來為能使會展業規模升級、平衡區域發展，以及爭取主辦更大型國際會議與專業展覽，政府應加速均衡興建展場，並配合各區域資源特性，將點與點間之會展設施，串聯成更緊密的資源網路。同時，還要考量到會展動線是否順暢，特別是會展場的周邊要有完善便捷之交通運輸系統，以及足夠的停車空間，如此才能有機會帶動整個會展產業的發展。

(四)都會景觀、環境品質待改善

就我國都市環境來看，僅北高兩市較符合會議展覽發展條件，但若從嚴格角度來看，北高兩都會區要達到國際旅遊城市的標準仍有努力的空間，例如整體景觀不佳、空氣品質無法有效提升、英文路標不清楚、日常消費物價偏高、城市無自有文化特性、計程車良莠不齊、文化活動不足以吸引外人來台等因素（周嫦娥、吳旻華，2005）。因此，當今我們應該更加積極地改善我們的環境品質，還要不斷地透過各種觀光活動之軟性宣導（如國際形象廣告、電子媒體、知名人士作為觀光代言人等），來提高我國在國際社會的能見度。最後更要提高我國人民基本生活品質，才是國家產業發展之基礎與後盾。

(五)會展服務資源待整合

目前我國無論是會展業者或是政府部門，都無法有效整合或協調，導致於行政資源無法集中。例如，當會展業者在競標某一國際會議時，得標與否充滿不確定性，加上過程繁瑣耗時，若有任何一個環節之條件比人弱，都會增加得標的困難度。因此，政府應儘速成立專責行政機構，作為推動法令制訂、研擬推動相關政策及產業資源整合之窗口，有效建立好合作機制，形成一個完整的服務體系（如旅行社服務、飯店服務、會展周邊協力廠商等），如此才能提升業者間的良性互動發展，進而有效降低因資訊整合不足所導致之成本（溫月火求，2004）。

第三節　台灣會議展覽產業未來之發展方向

近年來，國際間經貿發展迅速，使得人們的商務活動日益頻繁。尤其在亞太經貿中心地位逐漸形成後，整個區域產業的發展，對國家社會有著巨大的牽動影響。特別是會議展覽相關產業，因為其所帶來的產值相當龐大且涉及的層面也非常廣；平均每投入1元的支出，就可以帶動相關產業10～15元的經濟效益，加上目前會議展覽產業每年以20%～30%的速度成長，使得國內外各界專家大為看好未來會議展覽產業的前景（溫月火求，2004）。因此，以下將從全球化的角度，探討台灣會議展覽產業未來之發展方向。

一、培訓會展產業專業人才

會議展覽產業所涉及的層面相當廣泛，是一種需具備有「國際化」及「全球化」的產業，也是一種專業性要求特別高的產業，故其發展需要有高素質專業的人才。尤其在實務經驗、會前規劃、組織運作、設計策展及後端的各種配套服務等，都需要有經驗的專業人才加以執行。因此，要如何創造良好的用人環境，並可同時加強從業人員的專業培育訓練，均是將來政府發展會展產業所需努力的大方向。經濟部商業司有感現今發展狀況，特別擬定會議展覽服務業人才認證培育計畫，負責開辦認證培訓課程，並透過認證會考，給予合格者頒發證書，以建立認證制度。屆時預計約有5,500人次的訓練機會，這當中包括語言、招商、行銷、會議規劃、商業設計等人才訓練。另外還會辦理會議展覽種子師資培訓班，邀請德、美、日、英等國專家來台授課，以培訓具備擔任會展課程講授能力之講師，並期望未來可在相關大專院校辦理校園菁英班及專業人才培訓班，以培養出源源不斷的會展生力軍，最後另建立會展專業人才資料庫，並設置「會議展覽服務資訊網」，以供作為廠商徵才及人才謀職的資訊交流平台。

二、平衡南北會展產業，落實南北雙核心政策

就目前台灣會展產業發展而言，幾個大型的展覽館都集中在北部（南港展館可容納2,650個攤位、台北世界貿易中心最多可容納2,004個攤位），使得整個產業發展趨勢有著明顯北重輕南的現象。政府為了改善這種現象，除了加強發展各地硬體設施外（包括興建展產、交通建設、會展環境營造等），還要規劃相關產業輔導發展策略，並建立各區域獨立的群聚系統，才能有效建構出整體發展環境。如主動聯繫中南部地區主要展館經營單位（如高雄市工商展覽中心及台中世貿中心等），並提供適當協助機會，給予學習舉辦大型會展之專業知識及豐富經驗；或是針對中南部地區幾個知名展覽（如台中、台南自動化機械展、台灣蘭花展等），給予協助與推廣，並加強邀請國外買主參加。甚至還可主動規劃在中南部地區舉辦地方特色產業展覽（如在高雄市舉辦食品展、在台中市水湳機場舉辦特色產業展等），以擴增當地業者參展機會（經濟部國際貿易局，2008），這麼一來，不僅可以縮短城鄉發展之差距，還可落實協助中南部業者拓展銷售，並可吸引國外買主來台觀展及採購意願。此外，亦可利用當地閒置空間，重新賦予建築新生命，創造出新的會議與展覽空間（蕭麗虹、黃瑞茂

編，2002），甚至可規劃成一個「文化創意產業園區」，以增添整個會展環境之魅力。

三、結合觀光旅遊，發揮相乘效果

台灣是個島國，擁有豐富的生態資源及特殊地理景觀，堪稱是世界少見之生態熱點，加上人民熱情好客、旅遊環境安全、且有豐富的中華美食及文化，是一個適合發展觀光旅遊的國家。同樣地，會議與展覽產業所帶動的產業非常廣泛，包括：飯店餐飲業、觀光旅遊業、交通運輸業、廣告行銷業等。因此，若能將這些產業結合在一起，勢必可以發揮出更高的效益。所以政府特別在「挑戰2008：國家發展重點計畫」中，將推動會展業的經費與架構設置在「觀光客倍增計畫」之下，其目的就是希望藉由觀光客倍增的大前提下，來促進觀光成長並帶動會展產業發展。故特別在政策上有了些許的配合，例如：特別針對重要的國際專業展，規劃國內地方觀光旅遊行程，並在展場設置旅遊服務櫃檯，提供旅遊諮詢及報名的服務。另外還提供來台國外買主旅遊補助（半日遊，每位補助新台幣500元；一日遊或二日以上行程，每位提供30%補助，但以3,000元或10,000元為上限）。此外，還設置「台灣商務旅遊網」，提供商務人士旅遊資訊。其作用就是希望透過觀光活動之軟性訴求，來提高台灣在國際社會的能見度；相對地，如此一來，也更有助於台灣爭取舉辦相關重要的會議與展覽。

四、深耕主要目標市場，加強爭取國際會議來台舉辦

根據外貿協會針對近年來國外買主趨勢的統計發現，其主要是來自日本、美國、韓國、香港、新加坡及中國大陸等地（冷則剛，2003）。因此，為達會展的立竿見影成效，鎖定幾個主要市場，是當

下最刻不容緩的事。尤其若能善用台灣醫學、科技、資訊等優勢作為拓展會議市場之利基，並運用幾個知名度較高的國際性社團，如扶輪社、獅子會、同濟會等在國際上所建立的活躍地位，勢必可以增加外國廠商來台辦理會展的意願。除此之外，亦可會同國際性組織主動參與國際性會展活動競標，並承接大型國際會展來台舉辦（冷則剛，2003）。有鑑於此，政府對內：應針對具有發展為國際展潛力之重要展覽，提供參展廠商及國外買主的優惠補助；另外對於重量級大型外商，給予提供來回商務艙機票，以及免費住宿或高級健檢之優惠，以刺激其來台觀展及採購意願。對外方面：應積極蒐集國際組織在台分會名單，並篩選有機會在台舉辦會展的對象。甚至可前往海外參加重要國際獎勵旅遊暨會議展覽活動，以推廣我國整體會展環境，並吸引國際活動在台辦理。同時亦可加強在台舉辦大型國際會展論壇，增加我在國際間發聲機會，以提升我會展產業國際地位。

第四節　個案與問題討論

個案討論

主角：郭芭帆、郭芭娴、愛莎、都是女的、25歲

地點：台北圓場飯店

活動：虛擬國際觀光景點實境系統[1]研討會暨展覽

時間：2007年12月14日、12月20日、2008年1月2日

[1] 何謂虛擬實境？就字面上的意思而言，「虛擬」就是無中生有；而「真實」就是現實的環境，所以「虛擬實境」就是由電腦無中生有出一個現實的環境。簡單地說就是在電腦上建構一個虛擬的世界，並藉由特殊的使用者界面讓人們進入該虛擬世界中，使人們在電腦中就可以獲得相同的感受，如同身處在真實世界一般。虛擬實境的實現使我們可以「不出門而達到身歷其境」的境界。

場景：高雄郭芭帆家，2007年12月14日

說時遲那時快，郭芭帆再度垂頭喪氣的爬上她家樓梯，拉開木門——「ㄕㄨㄚˋ……」

「什麼！」

原本郭芭帆全家要去癸芝島的，看來取消印尼癸芝島一行是剛剛芭帆聽到爸媽討論之後的結論了，她生氣的衝上二樓的樓梯後拉開木門，向大姐郭芭婣告狀……

「哇～大姐我不管啦！妳要想想辦法啦！」

「老媽跟老爸說，印尼海嘯之後，在台灣所有旅行社、航空公司，幾乎已經停止行程，我們別去好了，況且工作實在多得很難抽身……。」

「我就知道又是這樣子，好！看來我得拿出殺手鐧了！這是你們逼我的～」郭芭婣嘴角抖動，以為自己像個噴火龍般地噴火……

「看我的……桃太郎～」大姊拿出20公分高15公分寬的桃太郎人偶。其實這個桃太郎就是他們家新型電話機，使用音控的話機設備，郭芭婣不過只是想打個電話，聯絡她的朋友愛莎，說：「愛莎，媽媽不准我們出去玩，印尼癸芝島度假泡湯了，我們只好進行B計畫，妳上次說台北圓場飯店舉辦的虛擬國際觀光景點實境系統研討會暨展覽，妳要不要去？如果有適合又不錯的行程，我們再排個四天四夜再回高雄。」

「真的嗎？妳確定！」愛莎眼睛為之一亮地說。

「對！」

「老大，四天四夜？那我們住哪邊？」

「所以我才說要去觀光展啊，我們先去看看這次辦的展覽，妳知道嗎——這次可是主打虛擬觀光景點實境哦！沒錢也可以去

很遠的地方玩！」

場景：台北圓場飯店櫃檯，2007年12月20日

「台北圓場飯店櫃檯您好，我是葉玟首，很高興為您服務。」

「是的，李商穎先生，請問您的班機將在何時抵達中正機場呢？」

「是」

「是，李商穎先生，您的班機是在早上八點抵達，飯店將會在八點之前派車去迎接您回國，是，好，迎接您的服務人員是馬力亞，是，祝您旅途愉快，晚安。」

從香港返台的李商穎除了早已預定參加圓場飯店舉辦的會展之外，一方面準備體驗太陽旅行中心的展覽後，計畫和太陽旅行中心的人碰面，假使在競標的過程中沒有意外，應該就會簽契約，將虛擬國際觀光景點實境系統正式引入香港。

場景：台北圓場飯店櫃檯，2008年1月2日早上八點

今天正是圓場飯店承辦虛擬國際觀光景點實境系統會展的好日子。天空異常的乾淨，藍得令人不敢置信，抬頭望去，台北的天空真難得的藍！還有一條長長的雲尾巴劃過天際間……「鈴～」響徹雲霄般的電話鈴聲作響，葉玟首拉回神來不再發呆。

「台北圓場飯店櫃檯您好，我是葉玟首，很高興為您服務。」

「您好，我是馬力亞，接到所有旅客了，現在正要開車回飯店了。」

「好，馬力亞，路上小心哦～」

「OK的啦～我車神耶！」

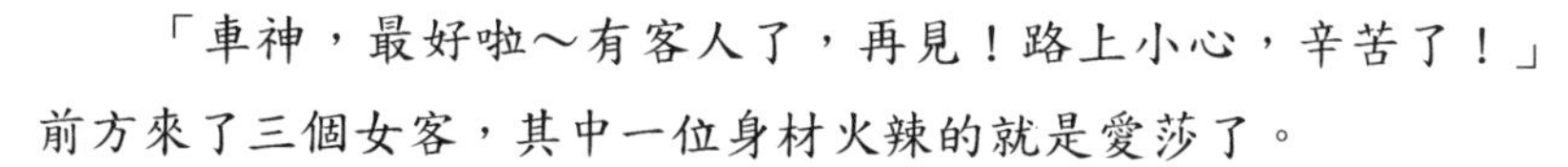

「車神，最好啦～有客人了，再見！路上小心，辛苦了！」前方來了三個女客，其中一位身材火辣的就是愛莎了。

「小姐，請問一下飯店的化妝室在哪？」愛莎首先開口問，另外兩位則在一邊四處張望飯店大廳。

「小姐早安，前方右手邊就是了，請問您是來參加會展的嗎？」

「……嗯！是啊！」愛莎低首傻笑，也不曉得笑什麼勁的，不過第一次坐高鐵需要高興到現在嗎？

場景：圓場飯店會展入口處，2008年1月2日早上九點

在飯店入口處，門衛仍繼續吹著哨音。鏡頭請移到正走進展場的郭家兩姐妹和愛莎三個人，今年的展覽，是業者第一次結合虛擬實境的方式，讓來展者可以進入虛擬實境的旅遊行程中，享受假的卻如實的體驗。

一進到展場的三個女生，興奮的亂叫，因為，這裡每一攤位仍舊透過投射到牆上的旅遊螢幕保護程式，作為他們的開放式宣傳海報，所謂的開放式宣傳，最大的特色在於，不需要滑鼠就能操控自如的Smartball，提供參展旅客影音、氣味的極佳宴饗。

然而，只有太陽旅行中心是剛研發出的虛擬國際觀光景點實境系統的旅遊中心，為了這次安排體驗虛擬實境的空間外，提供頭盔顯示器、訊息手套、液晶無線眼鏡、三D滑鼠讓來參觀展覽的旅客實踐旅遊夢想。

此套系統是下個世紀最夯的產業之一，系統的研發點子，來自二十一世紀全球溫室效應後的環保意識抬頭、觀光產業與環保意識的衝突等背景下，台灣的旅行公會率先結合了虛擬電玩遊戲的概念，建立一個虛擬各國各地有名的旅遊景點實境的系統，一

方面維護地球生態、文化，一方面也提供了另一種不出國就能環遊世界的夢想實踐，一方面為了讓人有如身歷其境的旅行體驗，系統如實的提供真實刺激度的功能。這正是今年度旅遊展的主軸重心，台灣旅行公會是主辦、也是系統的持有創意人。

場景：圓場飯店櫃檯，2008年1月2日早上九點十分

「圓場飯店嗎？這裡是高速公路警察局，請問你們是不是有一輛車號Qooo-6666的迎賓車？」

「是」

「剛剛八點五十分，這台車在高速公路三峽路段撞車了，裡頭有五個人，其中司機重傷，另外幾個還在觀察中，……」

這場會展的確吸引了很多人潮，一大早圓場飯店櫃檯、總機一直在忙線之中，突然，這一通電話來了，就像是把時間給停住，也像在空氣中凝結。

「OK的啦～我車神耶！」一小時前馬力亞的聲音還迴旋在空氣中。李商穎也在車子裡頭……

場景：太陽旅行中心攤位，2008年1月2日十點

「歡迎體驗最逼真的虛擬實境！」太陽旅行中心的服務人員說。

「我是太陽旅行中心底下，虛擬實境試玩套裝行程的規劃師——沃碩司，由於我們正在推廣這套系統，因此今天的體驗是免費的。大家對於上上週2007年12月14日發生印尼海嘯應該無人不知無人不曉吧！這就是這套系統所保留下來的歷史珍貴實境，我們只開放今天一天的時間給各位，快速體驗虛擬實境印尼癸芝島精華版，謝謝各位的光臨……」

「我們想先體驗一下」終於輪到已經在太陽旅行中心這個攤

位前排了許久的她們。

「妳好，這是我們虛擬實境用的設備，請戴好後，再帶妳們一同進去。」沃碩司引領她們進到猶如時空隧道般的黑洞當中，在一串設定好的試玩套裝行程之後，隨即每個人眼前出現一幕猶如電影螢幕的查詢系統陸續開展出來……

「這樣就完成啟動虛擬實境的套裝行程了。」沃碩司說。

「郭芭婣，虧妳腦子動得快，我們這樣也能去印尼耶！」愛莎用左手「ㄊㄨㄟˋ」了郭芭婣一下。

「剛剛好而已。」郭芭婣假裝害羞狀。

「真會假……」郭芭帆不屑的說。

問題討論

1.在本個案機場接送過程，所發生的交通意外，對飯店將隱藏著什麼樣的危機？李商穎先生千里迢迢回到台灣競標此系統，就此喪失了競標、簽約機會，請問該由何人如何處理這件事情？
2.會展前的作業安排有哪些？此會展承辦單位的圓場飯店，應如何推展與宣傳方能達到最高的行銷策略。請針對會議行銷做一簡單的設計。
3.請分享您對台灣未來會議展覽產業之優缺點？

第八章

博奕娛樂事業

第一節　博奕娛樂事業概論

第二節　博奕娛樂事業面面觀

第三節　博奕娛樂事業未來發展趨勢

第四節　個案與問題討論

近些年來，「觀光產業」已成為最具國力、社會、經濟指標的產業。綜觀目前全球的旅遊，大都結合了遊憩（recreation）、觀光（tourism）、休閒（leisure）、購物（shopping）、遊樂場（playground）及賭場（casino）為主要發展方向，而這些休憩觀光的旅遊方式，已成為二十一世紀發展趨勢（張於節，2002）。其中又以賭場結合而成的博奕事業經營，更是將賭場自純粹的賭場遊戲主軸轉變成現代的一種商業、休閒及娛樂活動，成為觀光產業的重要一環。因此，本章首先將介紹博奕娛樂事業概論，進而探討博奕娛樂事業對各個層面的影響，最後探討博奕娛樂事業未來發展的趨勢。

第一節　博奕娛樂事業概論

在介紹何謂博奕娛樂事業（Gaming Entertainment）之前，首先必須瞭解什麼是「賭博」，根據戈春原在《賭場史》一書提到，所謂的「賭博」在現代一般的說法：就是一種不正當的娛樂活動，即依照大家認同的規則，進行遊戲並分出勝負優劣，並根據勝負高下，使錢財或其他抵押品在投注人之間更易或轉移。不管是什麼動機，凡是將勝負與財富、金錢的獲取及喪失聯繫起來，便是賭博（戈春原，2004）。提供賭博的場所，一般統稱為賭場，或甚至台語直接說成「賭仔間」。

但說到賭場的英文名稱，很多人的直覺應該就是「Casino」，但這中間的翻譯，其實有很嚴重的落差，根據牛津字典解釋：「Casino: a public room or building for gambling and other amusements」；其言下之意是一個提供賭博還有其他休閒娛樂的場所。此外，根據台灣省政府旅遊局的定義，「Casino」在中文尚無適當翻譯文字前，暫稱之為「觀光娛樂特區」，惟其絕非為單純賭博，因為賭博一詞英文稱之為「Gambling」，可是美國或外國所有之觀光娛樂特區均名為

「Casino」，而非「Gambling」，可見外國乃將其定位為非純粹之賭博（台灣省政府交通處旅遊事業管理局，1995），這跟我們早期對賭場的認知是有所差異的。

同樣地，在交通部觀光局委託靜宜大學就「賭博性娛樂事業的發展趨勢及階段性策略之研究」的定義提出，所謂「賭博性娛樂事業」係英文「Casino Complex」，由於其快速的發展，從原本單純的賭室、提供飲酒等服務，到包括各種性質的室內娛樂設施（如游泳池、健身房等），現已將觀光、休閒整個融合為一。因此將「賭博性娛樂事業」一詞界定為：「一室內提供多種娛樂項目（如秀場表演、餐飲、遊樂設施等），項目中亦包含賭博的休閒娛樂綜合體」（靜宜大學觀光事業學系，1994）。

因此，本章所定義的博奕娛樂事業，是一個包括賭博、秀場、餐飲、高品質度假住宿及其他娛樂設施的綜合性娛樂事業；如同國際觀光旅館內設立夜總會一樣，活動型態不純粹以賭錢為最終目的，而是以休閒娛樂為最終目標。其服務範圍極廣，除了設置一個至多個賭場大廳，提供各式各樣的賭具來吸引及娛樂遊客跟賭徒外，還備有高級餐館、客房住宿、宴會展覽、美容SPA、遊憩設施、全球知名藝人的現場娛樂秀及其他各項服務等。

當然，如此龐大的營運規模，其可帶動的產業也極為廣泛：包括飯店業、旅遊業、餐飲業、科技業（設備）、會議展覽服務業（MICE）、百貨業、運動休閒業、SPA美容業等。再加上現今的博奕娛樂業和以往的賭博事業已大不相同；以往的賭博事業只著重於賭場彩金，任何賭場都是莊家贏錢的機率較高，賭金即是賭客的消費成本。而現在的博奕娛樂業有更多更新的賺錢花樣，博奕娛樂業的發展概念不僅於賭博收入而已，非賭金的收入也越趨重要。以拉斯維加斯（Las Vegas）為例，近二十年以來，賭金的收入已經漸趨下降，但飯店房間的收入卻占了總收入的20%，其他的非賭金的收入也占了總收入的11%（鄭建瑋，2004）。由此可見，博奕娛樂業在結合住宿和餐旅服務下，成長更是著實驚人，加上各國政府與民眾為開發觀光事業及各項利益因素的企盼下，博奕娛樂事業可說是現在觀光服務業中的最新趨勢。

專欄八　國家文化差異

在國際化、地球村的世代，casino hotel所面對的不在只有單單的本國人，而是來自各國的各色人種，所以身為casino的從業人員對於世界各國的習性、禁忌以及宗教等都均應有相當程度的瞭解，以避免因國情的差異而造成不必要的誤解或爭執，進而提供最佳的服務。

一、世界各國特殊習性

以下之實例將有助於瞭解世界各國顧客之習性，茲說明如下：

1.若房客為歐美人士，他們在睡前大都有喝杯睡前酒或是來塊巧克力、糖果的習慣，藉以幫助睡眠。

2.若房客為美國人士，他們早上起床時有喝咖啡的習慣，他們認為一早若是喝到冷咖啡是不吉祥的。

3.若房客為中東人士，因為中東地區的人民是信仰回教的虔誠者，而他們在每天特定的時間當中都要向真神阿拉朝拜，所以不可在中午或是傍晚時分去打掃房間或是其他事情去打擾到顧客，以免觸怒顧客。

4.若房客為日本人士，在放置迎賓花時，就必須盡可能地放置白色的花，因為一般日本人較喜愛白色的花相伴。

二、世界各國特殊禁忌

「迷信」，在中國文化裡一直是個存在的問題。但迷信並非是中國文化的專利品，根據Atkinson等人所著《心理學》中提到，在美國受大學教育的人，相信超感覺等奇異現象（包含心靈感應、預知未來、透視能力）高達三分之二，未受大學教育的成年人也有半數相信（邱耀初、林舒予，2007）。由此可見，迷信問題已經跨越國界和種族。但是受到文化的影響，東西方文化對迷信的見解及形式也各有不同解讀看法。例如在數字方面：中國人迷信數字8，認為8的諧音通發，可以為人帶來財運，要是多幾個8似乎會更好，所以有人車牌號碼選8888等。另外，中國人和日本人都忌諱數字4，因為4的諧音是死，有不祥的徵兆，所以很多醫院的樓層或是房號都沒有4這個數字。同樣地，西方人也有其數字忌諱，像數字13就是一般西洋人較忌諱的數字。因為這個數字代表厄運、死亡等意思。尤其是遇到13日配上星期五則被視為雙重的不吉利。因此，這一天，像愛爾蘭人可能找一束荷蘭翹搖放在帽子裡、蘇格蘭人則可能選擇石南花，其目的都希望能藉此來趨吉避兇。當然在西方文化裡，也同樣有一些較吉祥、幸運的數字，如數字3、數字7，都是西方文化認為較幸運的號碼。此外，東西方還有一些其他忌諱，例如：中國文化忌諱用紅色筆寫人的姓名；認為黑色代表有人死亡；送禮不可送雨傘（代表分散）跟時鐘（代表壽命終了）等。西方文化認為破鏡可能帶來不好的運氣；在梯子底下穿過會引魔鬼入室等。因此，業者在經營上，應多留意各國文化所忌諱的各項人、事、物，以免觸犯到顧客禁忌，而造成顧客的流失。

三、瞭解各宗教禁忌

世界上有各種不同的宗教，其宗教所訂定的教條，更是虔誠的教徒所不可違背的。因此，瞭解其宗教禁忌後，便可在進行服務時，避免不必要的誤會發生。

1.佛教：泰國等為小乘佛教，西藏等為密宗，即使相同的源流但教義及戒律也有不同，女性嚴禁觸碰僧侶的身體。

2.基督教：分為天主教及耶穌教等教派，不能混為一談。

3.印度教：不吃牛肉，左手是不乾淨的手，不能用左手接觸他人身體及拿東西給人。

4.回教：不能飲酒，不吃豬肉，女性不可露出肌膚，左手是不乾淨的手。

5.伊斯蘭教：國內清真寺就是伊斯蘭教的寺廟，含有酒精成分的東西，包括酒類、一些軟性飲料或是含有酒精成分的糕餅，至於香水自然是不能使用；動物脂肪也在禁絕之列，市場上的起司、奶油如非植物性，一律不准食用；其他肉食動物如獅子、老虎甚至鳥類，只要是依賴肉食生存者都不可食；豬肉與豬肉製品更是禁忌，絕對不能吃。至於國外進口的東西，若沒有通過伊斯蘭學家的認定全部列為不可食。對食物的來源和成分只要存有一絲的懷疑與不信任，最好的方法就是不要碰觸。

第二節　博奕娛樂事業面面觀

博奕娛樂事業的設立，對於地方及社會影響層面甚多，而且是正負兼具（Caneday & Zeiger, 1991）。因此，本節將針對經濟層面、社會層面及觀光發展層面加以探討博奕娛樂事業所帶來的影響。

一、經濟層面

博奕娛樂事業對地方的經濟影響，可分為正面及負面影響，首先就國外博奕娛樂事業在經濟面的正面影響：

(一)正面影響

◆增加政府稅收

博奕娛樂事業增加財源收入，充裕地方建設經費等的正面效益早已受多方的肯定，特別是天然資源不足的地區，或面臨財政窘困的地方政府，觀光賭場往往成為解決問題的萬靈丹。以美國內華達州的拉斯維加斯為例，在1981年至1983年美國經濟衰退之際，各州政府賦稅收入普遍下降，唯獨該州仍以每年平均9%之成長率持續上升（交通部觀光局，1996）。

◆改善產業結構

國外發展博奕娛樂事業的原因很多，有些是基於慈善的需要（如加拿大亞伯省），有些是基於消除非法賭場的生存空間（如英國、荷蘭），部分地區乃因原有產業蕭條，或當地經濟發展條件不佳，冀望藉助博奕娛樂事業的設置以改善產業結構。如Joilet市距離芝加哥市約四十公里，原本的主要產業是鋼鐵業與農具製造業，自1980年以來產業持續衰退，不僅造成失業率居高不下，社會問題也叢生不斷，如教堂被迫關閉、雇主因財力不足無法支付薪資而入獄等。直到1992年Haraah公司投資5,800萬美元於觀光賭場，1993年每日平均顧客為12,000人次，大多為芝加哥市人，使得Joilet市的產業從二級產業升級為三級產業，發展觀光事業為該市的經濟重心（交通部觀光局，1996）。

◆增加就業與工作機會

觀光事業為一綜合產業，其涵蓋的範圍非常廣泛，包括旅館、餐飲、旅遊業、休閒遊憩區、運輸交通業、娛樂業等。其中博奕娛樂事業是觀光產業活動的一部分，其涉及之相關行業及所提供的工作機會非常多樣化。例如菲律賓於1986年7月，實施「賭博娛樂合作新計畫」（New Philippine Amusement Gaming Cooperation），所經營的八大賭場，提供六千個工作機會，其他相關行業也提供三萬個工作機會（交通部觀光局，1996）。

(二)負面影響

同樣地，博奕娛樂事業在經濟面的負面影響，大致可分為地區發展過於集中，以及物價、地價上漲兩部分，以下就局部性的經濟發展、生活費用上漲的壓力，說明如下：

◆局部性的經濟發展

政府與當地居民的大力支持，是博奕娛樂事業快速成長的主要原因。對政府而言，成立博奕娛樂事業是一種「無痛苦」（painless）的經濟發展方式，因為政府不必加重其他稅賦便有可觀的稅收，而且賭場可為當地增加工作機會、促進當地經濟發展，如此一來，所有居民均為贏家。但是觀光賭場所帶來的經濟效益，卻不能平均分配到各個行業或每位當地居民。以南達科塔州（South Dakota）為例，發展觀光賭場後，躉售業於1991年衰退25%，零售業雖然成長率達到35%，但只局限在餐飲業與雜貨業，其他諸如建材行、家具店、汽車工業、蔬果市場等則衰退了85%（交通部觀光局，1996）。

◆生活費用上漲的壓力

一般而言，觀光地區開發後，增加當地的便利性，導致當地的地價會高漲，或因商人炒作地皮，造成通貨膨脹現象。Casey指出大西洋城發展博奕娛樂事業後，造成當地地價高漲，從1978年到1994年，部分地區的房價膨脹一千九百倍之多，使得地價稅、房屋稅成為中低收入戶的重擔，此外，惡性循環的通貨膨脹也嚴重影響居民的生活品質（Casey C. Steven, 1981）；同樣地，澳洲墨爾本市也遭遇相同的問題，市中心一旦被選為開發觀光賭場之用，周圍地區成為地皮炒作的黃金地帶，對於賃屋而居的中低收入戶而言，因負擔不起房租被迫遷居到市中心外圍，形成市區中心繁榮，部分鄰近地區淪為窮人聚集之處。

二、社會層面

博奕娛樂事業是觀光活動的一種，其對當地的社會影響除了活動本身特性之外，也包含遊客進入觀光賭場後，與當地居民的接觸所產生的影響，以下針對博奕娛樂事業對社會層面的正負面影響加以說明：

(一)正面影響

博奕娛樂事業對國家地區的社會正面影響，主要是在於公共服務及社會福利方面，但其效果如何，全仰賴於博奕娛樂事業是否有足夠的稅收。社會福利與公共服務對國家政策而言，是一項長期的使命與任務，必須有充裕穩定的經費來源，而博奕娛樂事業的收入具有不穩定的特性，是否要依賴博奕娛樂事業的收入作為社會服務與社會福利的主要經費來源，必須仔細考慮博奕娛樂事業的市場潛力大小、外部競爭力等問題。以澳門為例，澳門的博奕娛樂業者與政府簽約，除了繳交稅款之外，還得負擔起重大公共投資及社會服務責任。從1962年到1982年，興建五星級酒店、加強港澳兩地海運設施、繳付繁榮費、投資公共醫療及住屋計畫、參與政府重大工程建設，如海運碼頭、填海計畫、建造政府船塢、興建機場等，設立基金會作為澳門科學、文化、慈善以及學術活動的支持，並資助政府設立學校（交通部觀光局，1996）。

(二)負面影響

博奕娛樂事業對於社會的負面影響又可分為有形的社會成本及無形的社會成本兩方面，其說明如下：

◆有形的社會成本

根據Politzer、Morrow與Leavey於1981年針對正在就醫的病理性賭客抽樣調查以進行社會成本的估計，其估計項目及個人成本分述如下（交通部觀光局，1996）：

1.醫療成本：每人每年為2,016美元。
2.個人收入的減少：每人每年平均減少收入20,000美元。
3.家庭的破產或傷害：所浪費的社會成本，至少超過家庭主婦生產力的降低部分，例如1980年時市場產值每人每年平均為12,000美元。
4.汲出金（bailout）：家人及親朋好友為賭徒支付的金錢每人每年為6,000美元。
5.個人負債：平均每位病理性賭徒負有92,000美元的債務。
6.違反法律的規定：平均每位賭客違法1.3件，每件社會成本約為1,871美元，亦即是平均每位賭徒多支出社會成本2,432美元。

◆無形的社會成本

1.賭風猖獗，賭博人口劇增：以內華達州為例，該州有20%的賭場收入是來自當地居民，1992年便有一百二十萬人參與，平均每人花費的賭金是1,000美元，比起全國每人平均花費100美元高出十倍，而且該州失控的賭博行為病理性賭博（Pathological Gambling），比起其他賭風較不興盛之各州高出許多。
2.青少年受污染：廣告商、賭場業者及州政府的鼓勵，加上業者積極開發各種賭博形式，人們對賭場的接受程度提高，賭博人口逐年劇增，且年齡層有下降的趨勢，這些日益增多的人口裡面，有一部分可能成為沉溺性賭徒。
3.賭徒個人問題：Toylor Manor醫院長期觀察中，發現病理性賭徒的自殺率比一般民眾高出五到十倍，且容易有酗酒、服禁藥的傾向，導致其經濟生產力降低，甚至經常觸犯法律。

4.家庭問題：病理性賭博為家庭帶來破產、婚姻暴力，甚至產生問題兒童，有嚴重心理與社會失調的徵兆。

5.價值觀的改變：Thompson指出賭場雖創造工作機會，但大部分都是非技術性、低薪資的工作，這樣的工作環境與條件，並不能刺激居民追求更高學歷的期望，加上高薪的工作，並不需要一般正規教育的背景，如此一來，嚴重影響居民的價值觀，只顧當前的經濟利益，忽略教育的重要性（Thompson, 1993）。

6.影響賭場當地人口結構：南達科塔州的Deadwood市與紐澤西州大西洋城的居民，因深受通貨膨脹、房屋租金或高地價稅的影響，被迫離開世居的地方，遷移到市區的是投資業者，或從事高薪工作的外來員工，賭場的設立已改變當地的人口結構。

7.生活環境的惡化：Cape code與Deadwood市飽受大批遊客帶來犯罪、交通擁塞、噪音、環境髒亂等影響。

三、觀光發展層面

博奕娛樂事業發展迅速的原因除了基於經濟效益外，也成為觀光活動促銷的重要焦點，配合特殊的人文、自然資源、地理位置的優越性或市場獨占性等地方特色，博奕娛樂事業在觀光事業的發展及國民的休閒活動扮演著重要的角色。以下就國外博奕娛樂事業如何吸引國際觀光客，及滿足國人休閒需求、刺激相關產業發展與投資的情形，加以說明之：

(一)增加國際觀光客及滿足國民休閒需求方面

國家或地區居民對賭博的接受程度，將影響博奕娛樂事業的發展，以美國為例，根據Harrahs Casino Hotel 曾針對十萬個國民所做的調查顯示，約有九成受訪者可以接受觀光賭場，換言之，對博奕娛樂事業愈開放的地區，愈能吸引觀光客，相信對國民旅遊及國際觀光也有極大的貢獻。宋秉忠（2006）指出2005年抵達澳門的旅客高達1,871萬人次，較2001年的1,000萬人次增加87.1%，其中就有1,040萬人次是來自中國大陸。觀光賭場是澳門發展觀光旅遊的主力，從2002年開放賭牌到2005年的四年間，成長率高達123%。

在90年代另類成功發展的博奕娛樂事業，是朝向在都會地區設置綜合娛樂型的觀光賭場旅館（包含賭場、旅館及其他非賭博性的休閒設施）；紐西蘭及澳洲的博奕娛樂事業便屬於此類，澳洲政府為了防止賭博市場惡性競爭，規定每一省只能有一家觀光賭場，隨著賭博的法制化，觀光賭場已逐漸融入紐澳國民的休閒活動當中。學者Loverseed更指出全美有愈來愈多的老年人將觀光賭場列入其旅遊行程活動，尤其以陽光聞名的佛羅里達州，除了Disneyland與Busch Garden國際知名的旅遊景點外，也於通過博奕娛樂事業的合法化，成為該州觀光事業發展的另一個賣點。此外，義大利的San Remo觀光賭場位於富享盛名的海邊度假區，終年氣候宜人，同時配合著音樂節慶、藝文活動，成為歐洲許多王公貴族所喜愛的度假地點。

(二)帶動相關事業發展及投資

博奕娛樂事業吸引大批遊客，連帶影響相關行業的發展，並刺激相關行業的投資。以澳門為例，隨著觀光客的逐年成長，澳門的觀光環境吸引了國際著名的觀光旅館業前往投資，如Hyatt Regency、Westin Resort、Mandarin Oriental、New Century以及Holiday Inn等企業集團，而在70年代末期及80年代初期，美國中南部數州飽受天然石油過剩及經濟蕭條的雙重威脅，旅館住宿需求短縮，在1978年只達

53%，然而在觀光賭場的設置後，該地區的住宿發展有了新的變化。根據學者研究指出，自從發展觀光賭場後，美國中南部八個州的住宿業的營業總收入達全美的12%，且住房率也比以往高出50%。

由此可見，博奕娛樂事業的迅速發展，其周邊的支援設施將隨之增加，博奕娛樂事業據點不但成為名副其實的綜合休閒場所，也提供人們新型態的休閒方式。但有鑑於「全服務」式（Full-Service）的博奕娛樂事業（包含賭場、餐廳、住宿等設施）對鄰近相關行業造成不公平競爭。因此，有些地方政府便嚴格規定新設的博奕娛樂事業不得附屬大規模的餐廳設備，如紐奧良市（New Orleans）規定博奕娛樂業不得附設住宿設備；加拿大的Windsor賭城，規定該市必須平均住宿率達70%才可經營博奕娛樂業。可是在其他產業的推波助瀾之下，博奕娛樂事業的經營規模將愈來愈大，已成為觀光事業的主力之一（劉雅煌，2004）。

第三節　博奕娛樂事業未來發展趨勢

博奕娛樂事業是帶動觀光業、稅收及經濟活動的發電機。也是近十幾年來，世界各國紛紛向博奕娛樂事業靠攏，促成政策轉變的主要原因之一（許惠雯，2006）。加上有了拉斯維加斯的成功經驗後，各國的博奕娛樂事業，無不仿造其經營模式。尤其是亞洲各國，似乎都嗅到了博奕娛樂事業可帶來的龐大商機，紛紛鬆綁政策，希望能搶食博奕娛樂事業的豐厚利潤。如澳門的博奕娛樂業，在2002年開放外商投資後，使整個博奕娛樂事業發展衝到最高點。就連一向注重健康形象的新加坡，也在2005年正式批准兩家大型博奕娛樂事業經營。除此之外，英國決定於2007年在曼徹斯特設立一家超級賭場（擁有1,250架吃角子老虎機），並在利茲、巴斯及南安普頓設置十六家規模較小的賭場。美國也於2007年於佛羅里達、賓州及加州增設新賭場（聯合理財網，2007）。由此可見，世界各國皆看好博奕娛樂事業在未來的發展。

但有一件事情卻是值得我們隱憂的，根據顧良智博士針對澳門博奕市場定位的報告，估計澳門到2010年賭桌數字會增至6,300張，供應增長速度會遠遠超過需求的增長，屆時每張賭桌的收入估計可能會減少85%左右。當各大型博奕娛樂場陸續落成後，博奕市場的競爭將會變成非常激烈（顧良智，2005），未來的發展趨勢及市場的策略，將影響各個博奕娛樂場的營運。因此，下列將探討博奕娛樂事業未來發展趨勢，以供業者參考之。

一、更著重於非賭金方面的經營

現在的博奕娛樂事業之經營型態，已經跟以往的賭場經營差異甚多，尤其現在博奕娛樂事業的收入，已不再是以賭金收入為主，非賭金的收入也慢慢的開始攀升，甚至有超越賭金收入的趨勢。因此，現今的博奕娛樂事業發展概念已不僅於賭博而已，周邊的娛樂經營及會議展覽規劃，已經開始愈趨重要。以美國拉斯維加斯為例，賭博在這裡早已經不是內華達州最主要的收入來源，其主要的收入來源，是來自於觀光客的購物行為，其次才是賭博，再來是餐飲、娛樂、參觀國家公園（大峽谷）等。現在的拉斯維加斯已經是世界頂尖名牌的聚集地，這裡除了有超過三百間的時尚精品名店進駐，還有數個大型品牌Outlet正在興建或擴建中。另外，這裡也是世界的美食之都；這裡有名廚鎮守的頂級餐館，也有世界民族風味的餐飲，更有許多知名的連鎖餐廳等，在這裡的每一家飯店，都可以享受最精緻的名廚料理。除此之外，拉斯維加斯全年度共有四千多個大大小小的會議與展覽，占所有觀光客的10%。會議量之龐大，讓許多博奕娛樂業者都紛紛擴建飯店會議設施空間及房間數量（www.tripshop.com.tw/n/text-nll0601.htm, 2006）。

同樣地，在亞洲的澳門及新加坡，也有相同的深切體認，都感受到這方面的發展，尤其澳門開放外資經營博奕娛樂事業後，更是希望以博奕娛樂事業來全面帶動澳門的觀光、會議展覽、休閒等產業。像經營金沙賭場的美商威尼斯人集團（Venetian）就擅長休閒度假及會展業務。該人集團在仔和路環島之間興建的「金光大道」，主要結合賭場、休閒、娛樂、會展等功能；而且，有萬豪、希爾頓、洲際等七家旅館集團將參與經營，在未來的七到十年內總投資可能達到一百三十億美元。至於另一家得到賭牌的永利集團，則是被評價為：「把拉斯維加斯從純粹的博奕旅遊，變成闔家歡樂的旅遊著名城市」，這也正剛好符合澳門未來發展的定調（宋秉忠，2006）。

由此可見，現階段的博奕娛樂事業已不再是以往以賭博為主的行業，現在的博奕娛樂事業已經趨向於綜合性的娛樂行業。除了繼續增加新鮮的賭具以吸引賭客外，現在的博奕娛樂事業更著重於其他多元化的娛遊服務發展，包括：旅遊規劃、美食品嘗、會議展覽及購物活動等服務。

二、公共政策更趨嚴格

美國的拉斯維加斯以博奕娛樂產業，為該國帶來巨大的經濟效益；同樣地，澳門也因為興盛的博奕娛樂產業，在開放外資的短短五年，國內生產毛額（GDP）翻漲一倍！就連向來注重形象的新加坡，也不得不因搶救觀光、振興經濟因素，從反對興建博奕娛樂事業到最後的欣然面對。但博奕娛樂事業真的有那麼大的魅力、那麼吸引人嗎？為何有這麼多國家，紛紛開放賭權，搶占博奕娛樂事業這塊大餅，難道開放博奕娛樂經營，真的是帶動經濟成長的萬靈丹嗎？（謝文欽，2007）對當地真的一點負面影響都沒有嗎？

從過去經驗，我們不可否認，博奕娛樂事業經營的確可帶來一些正面的經濟效益，例如：可提升當地就業機會、帶動當地觀光發展，亦可增進地方稅收、改善地方建設，甚至還可回饋到社會福利及教育經費等。但我們更憂心的是，博奕娛樂事業是一個壟斷性跟強勢性的產業，會打擊到當地小型產業的發展，甚至可能間接或直接地取代舊有的產業；以美國第二大賭城大西洋城為例，在賭場開放前，一共有243家餐館，自從1978年起開放博奕娛樂事業後，三年內便倒閉了三分之一，而開放十年之後便只剩下146家，等於說有40%的餐館倒閉了。同樣地，在南達科塔州的Deadwood，是繼拉斯維加斯與大西洋城之後成為美國第三處將賭場合法化的地區，但自1989年設置賭場開始，當地的餐館、成衣店、娛樂業、商業服務，及汽車銷售業等生意都下跌得非常明顯，而在兩年之內，賭博合法化也成為導致當地之商業與個人破產的主因（葉智魁，2001）。

由於這些商店相繼關閉，接踵而來的就有失業問題產生，不僅如此，隨之的犯罪率也快速增加，即使是拉斯維加斯也毫不例外，同樣在五光十色的繁榮表象底下，治安敗壞與犯罪率提升已成為無法揮去的夢魘。根據調查，包括拉斯維加斯在內的內華達州，於1994年被選為全美排名第七最危險居住的州，並於1995年上升到了第三名，而拉斯維加斯本身更在1996年成為全美犯罪率最高的城市。同樣地，內華達州更有許多負面的輝煌全國紀錄，包括自殺率排名全國第一、逃漏稅排名全國第一、病態性賭徒比率排名全國第一、宣告破產率排名全國第三、墮胎率排名全國第三、未婚生子率排名全國第四、強暴率全國第四、與酒精相關的致死率全國第四、總統選舉投票率全國倒數第一（葉智魁，2001）。這種種無可彌補之有形、無形的成本，終就必須要整個社會共同分擔。

除此之外，我們更擔憂的是環境的問題，尤其是在開放了博奕娛樂事業後，觀光遊客到訪的量勢必會增加，屆時，這些人潮、車潮所帶來的環境污染、噪音污染、交通過度擁擠、環境髒亂等問題也一定會慢慢浮現，嚴重的話，甚至可能危害到大自然環境的生態。以美國南達科塔州的Capecod市與Deadwood市為例，博奕娛樂事業對當地造成的環境衝擊主要是交通擁擠、噪音危害及環境髒亂等問題（葉智魁，2001）。因此，在未來開放或是興建博奕娛樂事業之前，政府相關單位應以更嚴格審慎的心態，來訂定相關法規之配置政策，以規範博奕娛樂事業之業者。

三、大幅增加博奕人才需求及培訓的重要性

全球有許多國家看好博奕娛樂事業這塊大餅，紛紛鬆綁政策，開始摩拳擦掌準備搶食博奕娛樂事業的豐厚利潤。然而，在大興土木設置博奕娛樂場的背後，我們更應該關心娛樂場人員的招募及訓練事宜，尤其這麼多家博奕娛樂場的設置，整個市場必定需要相當多的人力及物力。

不僅如此，員工的專業素質及服務品質可否達到國際水準，更是未來博奕娛樂場所要注重的項目之一，尤其博奕娛樂事業也是屬於服務業的一種，面對未來這麼多的競爭者，要如何處於不敗的地位，將是各家博奕娛樂公司未來所要面對的大問題。所以從現在起，各家博奕娛樂公司應努力積極地開始培養新進人員，並做好全面化的職前及職中訓練。職前培訓係指：對新入職前員工進行培訓，學習博奕歷史、規章制度、企業文化、有關應用技術及知識，並透過培訓計畫把員工的進度、知識都統一起來，做到最少的類別，以配合將來工作上的要求。在職培訓係指：對機構內員工的培訓，分為縱向及橫向兩種，縱向是不同層次培訓，橫向是對員工進行教育培訓，以彌補其知識或技能不足，主要目的在讓員工能適應新環境或晉升新職務前作出

的培訓安排（陳寶鱗，2004），使員工能輕鬆的面對顧客，以提升整體的服務水準。否則，當員工無法解決工作上困難的時候，自然容易從態度中表現出來，形成怨氣及對同事與客人顯露出惡劣態度（陳寶鱗，2005）。

有鑑於此，為了滿足博奕娛樂事業的迅速發展及人力資源的大量需求，政府相關部門應成立博奕培訓中心，為業界提供支援，以提升該服務素質，並提供優質培訓課程（如有專攻技術層面的各種博奕技術操作、場務運作、服務品質及為各項周邊產業培訓，亦有針對旅遊博奕產業的管理層次培訓，包括行政管理、博奕營運、社會心理、資訊管理、法律、酒店管理等），以供有志從事博奕娛樂事業的人士學習，並使其能順利就業。同時，亦可使博奕產業培訓的人才能得到全面性發展，選擇適合自己的培訓課程，為未來進入這行業做好準備。此外，還需針對在職人員進行在職訓練和內部教育，使其能增進員工技能及知識水準，亦可有效地促使員工個人素質與實際工作一致性，方可和國際水準接軌。

因此，筆者認為，就長遠利益著眼，未來的博奕娛樂事業若能配合政府的博奕技術培訓中心，並結合自己內部的培訓，將培訓文化建立制度，使其員工們能達到自我滿足感，並在培訓過程中培育思維廣闊，經去蕪存菁，形成一個新氣象，形成集體模式。同時，亦可在培訓過程中培育出本土文化，轉換成為企業的凝聚力及推動力。這樣企業對員工的任意離職造成的衝擊相對較小，因為只要繼續培訓，將有源源不斷的人力資源可以替補。除此之外，人員訓練是透過政府的培訓中心，企業本身無需承擔培訓成本的風險，且企業之間亦可透過與培訓中心的交流，將整個行業的技術不斷提升，把服務品質做得更好。如此一來，對博奕從業人員、博奕娛樂事業及政府皆為三贏的局面（陳寶鱗，2005）。

第四節 個案與問題討論

個案討論

主角：芭岱葩黛、宮常彰；前者是女的，後者是男的

地點：金門新興巴勒巴哈賭城

時間：2008年8月12日～20日圓場飯店巴菲玫瑰餐廳員工旅遊

故事背景（虛擬賭城）

就在台灣的東南方，有幾座島嶼被叫做金門群島，那一磚一瓦透著淺橘色與昏黃色的建築體色調相間，矗立在滔滔海浪聲的山崖上頭。漫天白鴿自在地飛翔，有時還企圖尾隨著各式的跑車，一面展翅翱翔，一面準備隨時超越，傲視車內的人。

巴勒巴哈賭城，是東方國家裡最有名的Casino。外頭的蔚藍天空，極度張揚，就在大門一座巨型的噴水池前，一脈而成似地銜接住一座由上向下俯視的彭台公園，滿街的跑車三不五時就會呼嘯而過，瞬間停在巴勒巴哈賭城的大門之前，也有滿街的各式名車在大門的最右手邊，一輛輛排著隊。綜合了主題公園、冒險之旅、博物館以及文化中心，提供專人的客房餐飲服務、宴會展覽安排、美容SPA、高爾夫球場、酒吧間、咖啡座、遊憩設施及其他各項服務。

除此之外，還有全球知名藝人的現場娛樂秀，比如紅磨坊表演、電玩、雲霄飛車等，也使用最新雷射科技的舞台燈光效果。尤其這幾年，各名牌紛紛在此成立購物中心，近三百間以上時尚精品店進駐，餐飲方面還有名廚鎮守的頂級餐館、民俗風味餐飲、速食店、連鎖加盟店等服務種類。若要描述它，無疑是個賭村，這是眾所公認的事實。

場景：巴勒巴哈賭城的入口處，晚間七點

那是這樣一個故事的。就在正熱的當下，芭岱葩黛一行人終於一嘗出國夢，其實不過就在金門而已，這是她們的員工旅遊，也是她們的觀摩頂尖服務的最佳對象。

「哇塞～簡直和迪士尼有得比了，你看！你看！哇～」芭岱葩黛尖聲驚嘆之餘，直指左前方，一座巨型摩天輪散發著各式各樣精彩的煙火呢！

「天啊！我一定要去坐～」「嗯！」芭岱葩黛口中喃喃自語，在心底默默的下定決心，她，輕輕地咬著小指頭，點了點頭。

這個賭場裡旅館房間內有商務客的工作場所，提供傳真機、影印機和電腦設備、商務中心等，為全台會議、商展的首選之地，甚至有飯店提供24小時保母看護小孩，就算是寵物也照顧得舒舒服服。賭博之外，整座賭城裡還擁有特色公園、馬戲團、主題博物館、海濱浴場，餐廳準備孩子們最想要吃的套餐服務，提供世界各國料理、健康SPA、舞廳、綜藝節目（選美），精緻美食及高水準的節目表演，成為以觀光休閒為主，賭場為輔的新型態賭城。

由於以觀摩為前提，因此，飯店為每個人出資觀賞這場聞名全球的show。這時的領隊麥嘎，一方面開始交代，準備入場，欣賞從巴黎引進紅磨坊的注意事項，並且介紹在巴勒巴哈裡頭異於巴黎紅磨坊的噱頭重點。一方面他將菜單傳下來，請大家挑好待會用餐的菜餚。隨即，便帶領所有人進入會場，當大家就座的同時，餐點及服務人員也漸漸就位，巴勒巴哈圓弧形的舞台的紅磨坊表演，最新雷射科技的聲光效果，那種五光十色的霓虹之燈，那樣歡鬧開懷的氛圍……。

場景：賭場門口

看完表演之後的她們，各自行動，這時的芭岱葩黛正跟著領班美樂蒂一起走，來到賭場大門面前，賭場仿照風神爺像的建築，帶有一股濃濃勸說——來玩吧！快來呀！風神爺也會保佑你——那種宗教神祕的味道，就像是來到這裡娛樂，連風神爺都會保佑你一樣。她們三兩人宛若走入風神爺微笑的口中的賭場，正巧後方來了幾個壯漢，一雙雙單眼皮，薄而緊閉的雙脣，正睥睨一切似地咀嚼著如血斑的紅檳榔汁……

「先生您好，我們裡面有提供飲料、小點心，如果您方便，是否您能夠先將口中的檳榔清掉？」

「哦！安呢喔，麥凍甲檳榔嗎？牟」這幾個壯漢四處看了看，找到了垃圾桶，馬上就說：「麥甲都麥甲，嚇啦～」（哦！這樣喔，不能吃檳榔嗎？不要吃就不要吃，好啦～）

「先生這邊有垃圾桶，……」門衛一面走到不遠處的垃圾桶邊，一面說著。在這群紅脣族吐完檳榔後，一個個開心嬉鬧中正準備走入賭場，說時遲那時快，門衛又出現了……

「先生真不好意思，我們賭場有規定入場的旅客需要檢查身分證或護照，要麻煩您一下……」門衛指了指右側的牌子。牌子寫著：

歡迎光臨　巴勒巴哈賭城

營業時間：每日下午16：00至隔日凌晨7：00。

入場年齡：入場旅客應年滿20歲。

入場規則：

1.觀光客出示護照，本國客出示身分證。

2.勿嚼食檳榔或攜帶寵物。

「哦，架麻煩，等勒」（哦！真麻煩，等一下）

「我沒帶到，沒有，健保卡可以嗎？」這位先生翻了翻皮包後，一面說著這話，一面拿出健保卡給門衛看。

「我麻摩炸（我沒帶），我放置e厚德路賴底（我放在飯店裡面），……」另一位紅脣族還不死心的掏著兩側的褲袋。

眼尖的門衛突然見到六位紅脣族的旅客後面，走過一位女孩，這位年輕的女孩打扮的啪哩啪哩的昂起頭來，左手推了推黑墨鏡，右手抱了隻金色波斯貓，正準備無聲無息地偷渡入關。

「先生，不好意思，請您稍等一下。」

門衛一個快步來到這位小姐背後，一轉瞬間就到了這位女孩的面前了……

「小姐，不好意思，麻煩您稍等一下，我們賭場規定不可攜帶寵物入內，如果方便，是不是可以請您將您的寶貝寄放在隔壁的寵物飯店裡，我們有同仁可以為您的寶貝作整套的服務。」

「what? I don't understand what are you talking about?」

「sorry madian, plase wait a momemt!」

他望了望現場，分身乏術的門衛見到現場等待的人越來越多，越是等待越是顯得鼓躁不安，那六位紅脣族也當然開始蠢蠢欲動著。因此，他實在不得不再請這位女孩稍等，陷入一種焦急當中。於是，他拿起對講機請去吃飯的同事趕緊回來就位。入口處的大廳門口，電視牆正播放著賭場內的賭博設備，還有一連串的秀場表演活動，一幕一幕不停播放……

場景：賭場內

「下好請離手！」

「怎麼又輸了！我一定要贏回來，我就不相信手氣會背成這樣！」

「我，這個好了！」紅昏族裡頭的宮常彰，忍不住地抓著禿頭上的幾根頭髮，一面碎碎念，一面心裡想著：左邊這女的，怎麼那麼厲害，贏了這麼多把。輸人不輸陣，輸陣就派看面，跟它拚了！

隔壁那位先生（紅昏族裡頭的宮常彰），一直在碎碎念著，的確，他真的很背，輸了好幾次。我（芭岱葩黛）心想：這個人看起來就很背，就坐在我的隔壁，真是危險，千萬別把衰神傳給我。好想上洗手間哦！先休息一下，上個洗手間，再吃點小餅乾——

「莊家，我要先離開，這把暫停一下。」芭岱葩黛說著，離開賭桌上。

「好的」莊家說著，繼續進行下一場賭局……

時間一點一滴的消逝，宮常彰還是慘兮兮的，在芭岱葩黛離開賭桌後，他連著兩把還是輸，所以，他也隨後到洗手間去，不過這是他第四次去洗手間，因為，他要再一次把紅內褲再翻穿一次，看看運氣會不會好點。（不過筆者認為，都已經翻穿這麼多次了，如果有效早就贏翻天不是！）

回到座位上的宮常彰，見到隔壁贏了好幾把的芭岱葩黛的籌碼，心想：好多籌碼哦！好想摸一下，看運氣會不會好一點。於是紅昏族的代表宮常彰先生，就趁這位一直在閃神的莊家又閃神的時候，摸了芭岱葩黛的籌碼一下。這次可糗了，莊家就這次閃神的時間比較短，兩人就這麼四目交接，座上的宮常彰放在籌碼上的手，自以為不會有人知道的，莊家看他一眼後，裝作沒事繼續著賭博遊戲。

沒多久，芭岱葩黛回來了

「莊家，麻煩你……欸咦！怎麼籌碼少了好幾個？」請莊家開始之後，芭岱葩黛用手摸了摸籌碼，驚訝地說著。隔壁的宮常彰看了芭岱葩黛籌碼一眼，不巧的又和莊家對上了眼了，紅脣族看起來像流氓卻很老實，看似痞子卻很無厘頭的宮常彰，一面心裡頭想著，一面面相莊家說：「不是我！看我做什麼！」

芭岱葩黛回來之前，也在宮常彰回來之後，芭岱葩黛左邊的一位戴著黑墨鏡的妙齡女孩，才剛暫停遊戲稍下賭桌休息而已，這位女孩的籌碼卻不知在何時增加了數個。

「怎樣，你們在看什麼看！就說不是我了，看什麼！」

「先生，方才我的確見到你的手摸著她的籌碼，如果你真的有拿，希望你能夠大事化小，小事化無，……」

「啊！！！我就說不是我了！聽不懂哦！」宮常彰非常的生氣，不管怎樣理論，就是無法讓人信服他真的只是想摸一下，增加自己的運氣。簡直就快氣炸了，他今天怎麼會背到這種情況，宮常彰真的很無法忍住的尖聲大叫。

問題討論

1. 請問此一賭場帶動的相關產業有哪些？
2. 請問賭場從業人員的職業訓練所裡，應學習哪些服務技能，方使工作過程中更加順利。
3. 請問賭場發生賭客籌碼在賭桌上遺失的狀況應如何處理？請問是否該歸咎責任莊家呢？

第九章

觀光餐旅業行銷管理

第一節　行銷的內涵與原則

第二節　顧客關係行銷

第三節　全球配銷系統

第四節　個案與問題討論

這幾年來在網際網路的推波助瀾下，消費者可以在彈指之間輕易取得相關資訊。但相對地，也因為資訊取得如此的便利，促使當今的顧客對於企業抱持著更多的期待與希望。導致許多企業在面對高度競爭壓力之下，被迫必須由以往產品導向的經營模式轉變為以顧客為導向的經營模式，甚至須藉由顧客關係管理（Customer Relatiionship Management, CRM）、全球配銷等資訊系統，來提升顧客對企業的忠誠度，以及企業的競爭力、知名度。最後並期望能在與顧客的互動過程中展現出高度的服務品質，以達到顧客對企業的價值極大化。因此，本章將先針對行銷的內涵與原則作瞭解，進而再介紹顧客關係行銷及全球配銷系統在餐旅產業的應用。

第一節　行銷的內涵與原則

現今的行銷方式可說是多采多姿，尤其在我們生活的周遭，每天都上演著無數個行銷的活動。例如：公車上的廣告看板、電視牆的跑馬燈、電台的廣播放送，甚至是街坊鄰居的介紹等。然而為何有這麼多的行銷活動呢？企業為何願意花大筆的預算在這些活動上呢？但其實說穿了目的只有一個，就是希望藉由這些行銷活動的宣傳，來增加客人渴望消費的意念，進而提升其購買的意願。行銷大師菲利普．科特勒（Philip Kotler）曾說過：「行銷活動除了可以滿足人類的需求，還可以從中獲利達到自我滿足。」另外，美國行銷協會對於行銷也做了以下的定義：「行銷是理念、商品、服務、概念、訂價、促銷及配銷等一系列活動的規劃與執行過程，經由這個過程可以創造出交易活動，以滿足個人與組織的目標」（吳萬益，2006）。可是，我們還是要強調一下，唯有注重消費者的需求，才能得到消費者的認同，進而取得市場的動向。因為，就算有再優秀的員工，若無法瞭解客戶真正的需要與需求，沒有生意上門這些人都是無用武之地！所以企業應多多善用科技及行銷策略，以發掘潛在客戶他們真正的需要與需求，並提供良好的服務將產品銷售給客人，來滿足客人的欲望，讓生意順利成交。企業管理大師彼得．杜拉克（Peter Drucker）說過：「行銷的目的是要使銷售工作成為多餘的，而行銷的活動是要造就顧客處於準備購買的狀態。」（吳萬益，2006）。同時他也認為，「創造顧客」是企業的首要任務；而這個「創造顧客」就是意味著找出客戶所需要的商品或服務（鄭建瑋，2004）。由此可見，一個成功的行銷，就是不斷地發掘顧客的需求，並透過美麗的人事物及高科技的方式，使其產品或服務產生出極大的吸引力，然後再經由一系列有計畫的宣傳和促銷活動，以建立品牌的形象與品牌權益，讓消費者心甘情願陷入這行銷活動的制約。

然而並不是所有的消費者都有能力及意願去追逐品牌，有一大部分收入普遍較低的消費者，他們希望能夠以較低廉的價格買到物超所值的產品。所以對企業而言，這時候就必須靠更有效率的組織運作，還需要有更好的上下游供應商來支持，以及大量的生產來降低成本，而且在降低成本的同時，仍然要在品質上維持相當高的水準。而就行銷人員而言，則是要設法在創新及創意的架構下達到低成本的目的，並使顧客滿意。Alastair Morrison指出：行銷是一種持續不斷的、有次序步驟的過程，藉由市場的規劃、研究、執行、控制及評估等來滿足各種顧客的需要與欲望，並同時達成組織本身目標的活動。且為達最佳的效果，行銷需要組織內每一分子之努力；而互補性組織間共同的行動亦可使行銷更有效（俞克元、陳韡方，2006）。因此，以下將介紹餐旅產業在行銷時應注意的原則：

一、瞭解顧客需求與競爭優勢

行銷人員為了研究顧客的特性與喜好，必須進行各種研究，以便瞭解顧客的真正需求，然後才開始設計行銷活動。因此，顧客在購買時所關切的產品屬性變數，就成為行銷活動成功與否的關鍵要素（俞克元、陳韡方，2006）。所以行銷人員必須深切掌握這些關鍵要素，才能針對特定的顧客群進行產品設計，以說服消費者購買。同樣地，消費者對於特定產品，基本上會有特別的喜好，但在競爭的市場中，往往提供相同產品的公司不只一家，且每一家的運作模式與行銷思維都做了類似的市場定位決策。但是要如何強調出自家產品的特色就顯得格外重要了，所以在行銷時應避免這樣的錯誤，必須先仔細瞭解其他競爭者的實力及其行銷策略，以便能夠發揮本身的優勢來贏得顧客的信賴與愛用，這樣思維也才是競爭優勢的概念，即所謂的知己知彼，百戰百勝。

二、市場區隔分析

市場區隔是指將一個大的市場根據某些特定的區隔變數，區分為許多個具有共同特性的顧客群體；然後利用這些變數，來對目前的市場及未來可能的市場進行分析，即被稱為「市場區隔」（market segment）。而區隔變數包括人口統計變數（demographic variables）、行為變數（behavioristic variables）、地理變數（geographic variables）及心理變數（psychographic variables）等，其定義如下：

(一)人口統計變數

人口統計變數會影響對產品的選擇，如：年齡、性別、種族、收入、家庭人數、生活型態、宗教、教育及社會階級等。

(二)行為變數

根據消費者的消費忠誠度、對產品的態度、購買及使用的場合、產品的使用率及對行銷因素的接受度，將消費者區隔稱為行為區隔。

(三)地理變數

地理區隔中，市場可以被劃分為不同的地理區域，這些區域可能是地區、國家、政府甚至於是相鄰的城市。消費者因為地理位置的不同影響，而可能有不同的消費習慣。

(四)心理變數

根據內在心理的感覺來作區隔，其中以個性及個人生活型態來區隔市場最為常見。雖然個性是否為有效的區隔因素仍有分歧的意見，但是生活型態因素已經被確認且有效的被運用，甚至認為生活型態對服務產業是最有效的區隔變數。

然而，較佳的方式為挑出特定群體的人，或稱之為「目標市場」，然後瞄準特定目標市場，強力促銷與行銷，以確保最高的報酬率。

三、行銷組合運用

行銷組合是行銷觀念發展的重要核心。它是市場區隔和目標市場定位的有效工具，使企業在選定目標市場時，根據市場需求和內外環境的變化，運用各種組合的行銷策略。關於餐旅業經營的成敗，行銷組合的選擇與運用是否恰當，占了相當重要的地位，以下針對餐旅業的八個行銷組合作介紹：

(一)產品（product）

餐旅業之產品概念，包括產品本身、品牌包裝及服務。如旅館而言，客房本身僅是產品設計中的一項，旅館商品、包裝之設計，包括：旅館建築、各項設施，客房的大小、裝潢、家具、客房內部之相關設備、餐飲及會議設施等硬體設備、戶外景觀規劃、館內氣氛營造以及人員服務與訓練等，目的在滿足顧客的需求。特別是旅館商品要能為顧客所接受，且易於辨識，讓顧客感受到不同之處。充分表現旅館的特色，可以建立產品獨特的價值，使其在競爭激烈的餐旅產業中，脫穎而出，將有助於日後的價格訂定與促銷推廣策略作業（吳勉勤，2006）。

(二)促銷（promotion）

由於餐旅業商品之無法移動及儲存，因此，事前行銷計畫需詳述如何運用促銷組合（如廣告、人員銷售、銷售促進、展銷及公共關係與公共報導）中的每項技巧。這些技巧都彼此相關，因此計畫中必須確定每種方法都能與其他方法產生互補之功用、而非相互掣肘。促銷通常在行銷預算中占最大之比例，而且也會高度地使用到外界的顧問人員及專業人員。因此，它必須經過鉅細靡遺的規劃，並以成本、責任及時機為主要的考量重點。

(三)價格（price）

利潤取決於市場供需之變化，而價格則會影響消費者購買之意願，故餐旅業者對於產品的定價則為企業成功的關鍵因素之一。此外，餐旅業的經營成本及其損益平衡，亦是價格制定須考慮的重點；因此在行銷計畫中，要如何訂定價格策略時，需要有慎重而長遠的考量，因為定價不但是一種行銷技巧，也是決定利潤的主要因素。完整的定價計畫應把未來某段期間內所有的優惠費率、價格及折扣方案都列入考慮。

(四)通路（place）

餐旅業商品具有不可移動的特性，因此通路為旅館經營的行銷重點，所以在旅館興建初，即應對立地條件詳細評估調查，包括其周遭環境、商圈狀況、地理特性、顧客來源等因素。另外，如何與其他互補團體共同運作也是其行銷重點之一；這些互補團體包括旅遊業、運輸業等。

(五)人員（people）

餐旅業都是靠人的事業（people business），沒有人力的規劃及精緻的服務，旅館的價值就大為失色。然而，行銷計畫必須涵蓋各種經過妥善規劃、且能夠使這些重要的人力資源獲得最佳運用的方案。

(六)套裝組合（packaging）

套裝也意味著一種行銷導向。它們是在探索過顧客的需要與欲望之後，再結合各種不同的服務與設施，以達到滿足這些需要的結果。餐旅業所提供的相關服務愈精緻愈多樣化，客人的滿意度必定愈高，餐旅業可以將一系列所提供的產品及服務套裝組合起來，但卻只收取單一的價格，客人的感受就會完全不同。

(七)專案行銷（program）

專案行銷的相關概念是一種顧客導向的特性。適時的提出許多不同的促銷專案，是餐旅業行銷的重要策略，尤其淡旺季的明顯差異，更需要做適時、適地的專案行銷。

(八)異業結盟的合作關係（partnership）

單靠餐旅業自己的行銷，在今天的市場上已無法和大型連鎖企業競爭，因此，結合相關企業或異業結盟促銷，強調出共同的廣告與其他各種行銷方案所具有之價值，如此一來可以為他們共同性的合作，可降低企業的經營成本，進而提升其利益。

專欄九　網路行銷之規劃考量

網路行銷整合策略，已經不再只是過去單純的建構網站及購買網路廣告而已，根據Yahoo！奇摩搜尋行銷的「年度企業行銷大體檢」顯示，75.62%的企業選擇在今年將行銷預算投資在網路上，甚至有七成以上的企業，計畫將行銷預算由傳統廣告媒體轉移到網路。而全台灣約有兩千多家旅行社，要如何透過網路行銷讓顧客知道自家公司的品牌，及有競爭力的旅遊商品，進而產生購買行為，其中要選用何種網路行銷工具才能切中要害呢？下列有幾點建議可以參考：

一、首先必須先檢視自家網站或專案網站的完整度、商品的競爭力等，因為網友一進來就是要讓他留下好印象，明確易懂的頁面及順暢的瀏覽動線是必要的，自家的主打商品及專長一定要讓網友記住。否則，關掉或跳過網頁對網友來說，就像電視機轉台一樣輕而易舉。

二、再來就是要做好媒體的選擇及安排，例如：業者有預算考量的問題，可以選擇採用垂直性網站或內容關鍵字方式刊登，如旅遊經、中時網等。若考量增加在網路上曝光度，且預算足夠的話，可以選擇採用入口網站或搜尋關鍵字方式安排，如Yahoo！奇摩、PChome等。下列有幾種類型的網路廣告媒

廣告媒體類型	代表	流量曝光	族群	費用	適用性
垂直性網站	旅遊經、BabyHome等	中低	精準	低	* 特定族群 * 經營品牌形象
部落格網站	旅遊經、無名小站等	中	精準	中低	* 特定族群 * 經營品牌形象
入口網站	Yahoo！奇摩、PChome等	大	分散	高	* 低價商品 * 經營品牌形象 * 促銷活動
搜尋關鍵字	Yahoo！奇摩、Google等	中	較精準	中	* 資訊提供 * 經營品牌形象
內容關鍵字	酷比、達摩、中時等	中低	較精準	低	* 低價商品 * 經營品牌形象
新聞網站	Yahoo！奇摩、中時等	中	較精準	中	* 上班族 * 經營品牌形象 * 促銷活動

體可供網路行銷之參考。

三、刊登者必須每日監控並約3～5天來檢視廣告曝光數、點閱數及來電數成效，以便隨時調整廣告素材或版位。

四、當有客人來電詢問時，自家的業務或客服人員要展現服務的熱忱及專業的態度為客戶解說，進而產生交易，這點也是非常重要的一環，因為花了行銷及企劃製作的預算，如果這部分訓練不足的話，當然也影響廣告效益。

五、每個月或專案結束後，請媒體或代理商做好結案報告，並檢討整個行銷策略的成效，作為下次改進的目標。

最後希望業者可以在有效的資源下，用最少的預算達到最大的效果。並創造出一個專屬自家品牌形象的網路行銷策略。

資料來源：蔡宗保（2007）。〈網路行銷策略　量身打造〉，《旅奇旅遊行銷趨勢雙週刊》，第39期。

第二節　顧客關係行銷

過去，很多企業在行銷推廣時，只著重於產品的性能，而忽略了顧客關係的重要性。主要是因為以往的企業資訊系統，多將銷售的管理放在營業模組系統中；事實上，這樣的方法也確實為企業在管理上帶來許多便利性。但是這些資料往往存在每一個銷售人員的個人資料庫中，企業卻無法將這些資料作有效的運用與管理，以至於常常有不必要的資源浪費產生，而增加了銷售成本。但是隨著科技日益的進步及相同質性的商品增加，對於攸關企業發展的銷售部門，這時應該體認行銷時所需要的是整體的市場資訊。尤其在這日益競爭的環境下，企業要如何維繫客戶關係已成為現今特別關心的議題。根據「80／20柏拉圖原理」指出，80%的顧客其實產生的利潤只有20%，而真正主要利潤的來源則來自於另外20%的顧客。企業若欲維持長期的利潤，首先應有效區分這20%的客戶，並重新分配資源於此類客戶身上，以期為企業創造更高之價值（許君琪，2004）。尤其現在有愈來愈多的企業開始注意利潤的來源，勢必會先檢視此80%的利潤是否真正來自此20%的客戶。

因此，若能在行銷規劃之前，先透過高效能的資訊科技將顧客的資訊蒐集、分析，並有效地辨認出可開發市場與行銷管道，讓這關鍵的20%顧客願意再度消費，同時還可以達到企業提升顧客滿意度、忠誠度之目的與創造顧客終生價值，才能算是有效地分配企業有限的行銷資源。否則漫無目的之行銷將會造成很多成本消耗在無形當中，且利潤的損失也會在無形當中不見。而顧客關係管理的概念、做法與機制剛好可以將這些問題突顯出來，它不僅可以彌補傳統營業系統的不足，還能協助企業如何界定老顧客及新顧客間的細微差距，甚至可以整理出忠誠客戶的行為標準。至於銷售人員也只要依此行銷對策去尋找新的客戶，就能省去開發新客戶的行銷成本，同時還可以讓企業能夠在有限資源的條件下，贏得客戶的信賴。

一、顧客關係管理

可是何謂顧客關係管理呢？光從字面上的意思解釋，即是與顧客保持良好之關係，並做好服務品質之管理，同時以提升顧客滿意度（customer satisfaction）及顧客忠誠度（customer loyalty）為首要目標。若以企業的觀點則是希望能建立一套完整的客戶資訊系統，讓企業瞭解顧客產品生命週期之趨勢，並透過行銷、銷售、顧客服務之執行，發展出符合顧客個別需求的產品與服務，甚至藉由企業與顧客互動中的經驗學習，持續改善服務過程。而這些都正好與Swift對CRM之研究有不謀而合之處，根據Swift之研究，CRM共可分成以下四個相互緊密關聯的循環過程（如**圖9-1**），分別為：知識發掘（knowledge discovery）、市場規劃（market planning）、顧客互動（customer interaction）及分析與修正（analysis and refinement）四項，簡要說明如下（Swift, 2001）：

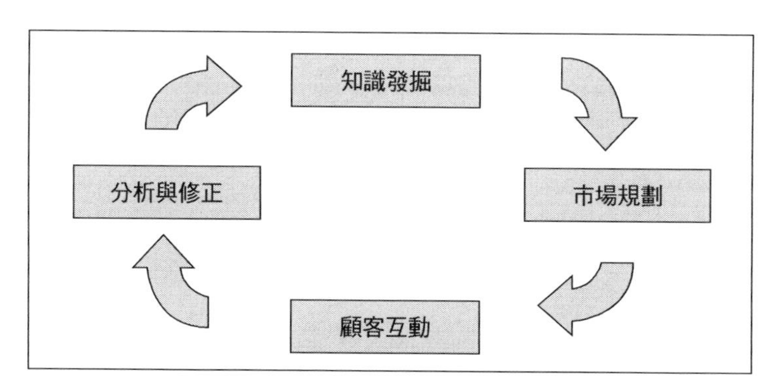

圖9-1　顧客關係管理流程循環

資料來源：Swift, R (2001). Accelerating Customer Relationships. Prentic Hall.

(一)知識發掘

企業經由各種路徑蒐集各種的顧客互動與交易來源，並透過分析顧客資訊，以確認特定的市場商機與投資策略。此過程包括：顧客確認、顧客區隔和顧客預測，同時將其轉換成為對管理與規劃有用的資訊與知識，並給予行銷人員使用詳細顧客資訊的能力，作為更佳的歷史資訊與顧客屬性分析，以便作出更佳的決策。

(二)市場規劃

這是為特定顧客與產品，提供通路、時程以及從屬關係的流程。在發展策略性顧客溝通計畫時，市場規劃能幫助行銷人員先行定義特定的活動種類、通路偏好、行銷計畫、事件誘因和門檻誘因，好讓行銷人員可以事先做好服務顧客的計畫與準備。

(三)顧客互動

這是運用相關及時資訊和產品，透過各種互動管道和辦公室前端應用軟體與顧客之間的互動溝通之流程。與顧客的互動必須延伸到潛在顧客及未來顧客，並且須和企業互動點、銷售策略及顧客購買活動的連結相互對應。

(四)分析與修正

這是利用顧客互動資料分析結果與預期效果之間的差異，持續修正分析取樣方式與管理方法的流程，讓資料運算結果與客戶服務更接近。並且藉由與顧客對話中持續學習的階段，調整顧客互動訊息、溝通方式及時機。

其目的在於提供經營者與顧客互動的管道，讓業者可以藉由此系統瞭解顧客的需求，進而達到為顧客量身訂做的服務。如此一來，方可增進客戶的滿意度及忠誠度，還可透過長期良好互動關係，吸引更多新的好顧客，來提升企業的營業利潤。同時經由一系列修正與規劃後，還可以將顧客關係管理系統，視為企業對流程整合與組織再造的利器。

二、顧客關係之衡量內容

但是，在企業應用資訊技術導入顧客關係管理時，首先應瞭解「顧客關係之衡量內容為何」，如此，才能收事半功倍之效。茲簡要說明如下（環緯流通服務公司，2001）：

(一)誰是企業維持之顧客

傳統行銷重點，僅著重顧客買的數量多寡，而不考慮其過去購買行為及分析未來互動之可能性。但是導入顧客關係管理後，企業則應多方考量顧客的角色。若顧客為家庭時，則應考量到所有家庭成員，而非僅選出其中一人為代表；尤其有接待小孩的企業，更應顧及到小朋友的需求。若為公司單位，則因不同部門均可能擁有決策參與權，而不應局限於某一部門。另外，對於同一個顧客，也有可能因購買或使用場合不同而有不同之需求。故在導入顧客關係管理之時，應先行瞭解顧客的性質，才不至於浪費企業資源及壞了顧客的興致。

(二)如何與顧客正面接觸

企業可以先透過市場選樣測試，再將通過之產品正式推出，如此，即可增加顧客達成交易之比例。同時，透過售後追蹤調查，可瞭解顧客之喜好程度。此外，亦可由顧客消費時所獲得之服務滿意程度，瞭解不同職務者與顧客間之互動關係，尤其是第一線員工與顧客之互動，更具指標意義。換言之，消費者係由企業之整體表現中認識企業，最後開始產生忠誠度之認同問題。

(三)顧客關係之延伸範圍

企業必須瞭解顧客之總需求，方能有效的為顧客量身製作，也僅有如此，才能創造顧客忠誠度。而忠誠度的分析可由試買或重複回購加以衡量，甚至還可以進一步衡量出第一線人員以不同產品組合呈現給顧客時所產生不同的互動貢獻，藉以瞭解何種組合之報酬率最大。

(四)顧客關係之維持時間

企業須決定經常購買與很少購買之顧客的衡量標準，特別是購買的產品項目。另外，還需衡量淡旺季對顧客的影響，以及不同顧客層中，不同之屬性、購買動機與回應行為。

(五)顧客關係中之參與者

企業可能與中間商共享最終顧客關係，因此，企業需確實瞭解最終顧客之消費行為，包括對產品特性及使用情形之意見，且要避免中間商成為顧客關係管理之阻礙者。

不過，在實行顧客關係管理的同時，企業還是要特別注意「客戶滿意：口碑相關曲線」的走向；因為就企業而言，若「客戶滿意：口碑相關曲線」呈現於一般水準時，代表顧客對於服務品質的反應不大；可是一旦其服務質量提高或降低的時候，客戶的讚譽或抱怨將呈指倍數的增加。此外，在顧客滿意方面，客戶滿意不代表顧客的忠誠度就永遠不變。根據CRM專家的研究結果表示，在高度競爭的行業中，完全滿意的客戶遠比滿意的客戶忠誠，所以只要客戶滿意程度稍稍下降一點，客戶忠誠的可能性就會急劇下降。

因此，未來企業要隨時注意業界的變化及顧客的需求，同時還要努力的提高顧客忠誠度，使顧客達到完全滿意。而這其間最重要之理論基礎即為顧客關係管理；企業的成功之道，則在於資訊科技之善用以及消費者行為之剖析；使消費者的真正及潛在需求能無時無地的被滿足。

第三節　全球配銷系統

行銷是企業與消費者之間一種價值交換的程序。依據美國行銷學會的定義：「行銷是企劃與執行產品（product）、訂定價格（price）、決定通路（place）與促銷產品（promotion），是服務與表達意見的程序，以交換的方式滿足消費者的需求與欲求，並實現企業目標的過程」（鄭智鴻，2004）。而這其中的通路，又可稱為「配銷通路」（distribution channel）或「分配路線」。簡單來說，即是將產品由生產者傳遞給消費者的途徑；此途徑包括了直接與間接的配銷管道組合。直接配銷又可稱為零階通路，是指企業直接承擔起促銷、預訂及提供服務給顧客的責任，例如：旅館直接將房間銷售給顧客，或是顧客直接到企業購買商品。而間接配銷是指把促銷、預訂及提供服務的部分責任交給一家或多家的業者來承擔，例如：企業將產品賣給批發商，然後批發商再將產品包裝賣給零售商，最後再轉賣到消費者手上，這樣的途徑稱為二階通路。若企業直接將產品賣給零售商，然後零售商再轉賣到消費者手上，而這樣的途徑稱為一階通路，如**圖9-2**所示。

然而，不論是直接銷售還是間接配銷，企業最期待的是如何讓消費者可以最方便、最快速的方式，購買公司的產品。因此，近些年來拜資訊科技進步所賜，很多企業已經開始大量引進國外先進的自動化

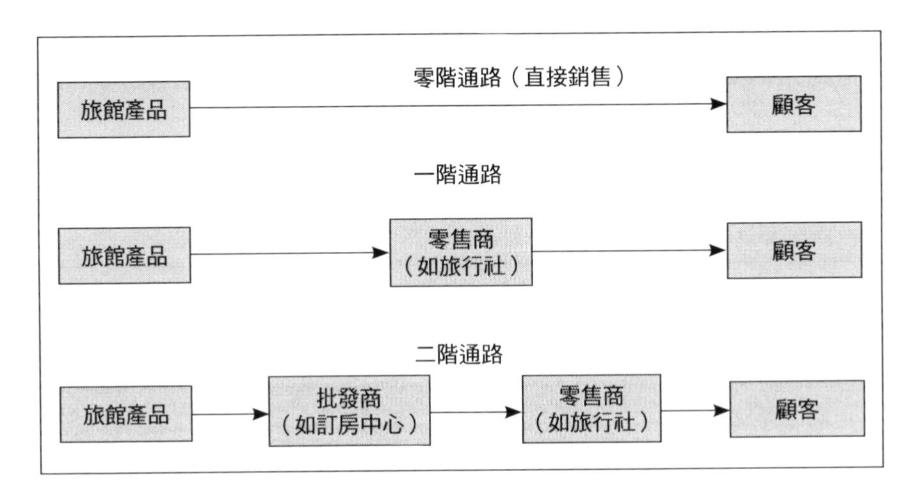

圖9-2　通路階層圖

資訊科技（Information Technology, IT），促進原有企業的技術升級，提升企業內部管理與外部行銷之效率。同時可利用先進資訊技術，以自動化取代原先的檔案管理，例如建立企業內部網絡，實際做好營收管理、財務管理、人力資源管理等的自動化，並可以加強內部溝通。另可針對員工及顧客資訊建立資料庫管理系統，有效達到人力資源管理，亦有利於顧客關係管理。此外，還可應用物料管理系統（Product Management System, PMS）、營收管理系統（Yield Management System, YMS）等資訊技術，提高經營管理效率和提供快速完善的服務。例如：旅遊企業對外市場行銷方面，在飯店業可採用全球訂房系統（Global Reservation System），快速準確的訂房以降低時間成本；旅行社業可利用Abacus、Amadeus及Apollo等電腦訂位系統（Computer Reservation System, CRS），提供更多的產品行銷機會。而企業也可以運用外部網路進行網路行銷（Internet Marketing），從事產品宣傳促銷，及透過電子郵件功能與客戶進行聯繫服務。甚至，還有其他資訊技術如全球配銷系統（Global Distribution System, GDS）、旅遊目的地資訊系統（Destination Information System, DIS）等均可為旅遊企業所運用，提升管理與行銷之效率（甘唐沖，2002）。

而上述這麼多的系統中，又以全球配銷系統最被餐旅產業所採用。如過去十年旅館業透過GDS獲取房客預訂呈逐年漸增趨勢，且根據Travel Click資料指出，旅館業於GDS上廣告約有53%的機會被旅行社所訂購（Travel Click, 2007）。但是何謂全球配銷系統呢？簡單的說，GDS系統就是一個網路平台，提供產品供應業者透過後台設定產品銷售，讓全球的代理商或散客（旅遊網站）可以直接利用此平台進行交易（全球分銷系統，2006）。同時，為了因應全球系統規模通路的模式與效能整合，其系統特別發展出多功能服務項目，包含航空電腦訂位系統、旅館訂房系統、汽車租賃、郵輪、報表及旅遊包價等其他旅行產品。除此之外，此系統還可以即時整合所有資料庫，提供即時服務旅客（B2C）的最佳訂位機制，可說是個非常齊全、完善的配銷系統。且國際上各主要旅館集團均將其中央預訂系統與各GDS系統建立了連接，而他們旗下的飯店也自動擁有使用GDS進行全球通路的資格，讓全球商務旅客可以輕鬆執行全球性訂房，同時還可以提高旅館收益，有效的減少人工電話訂房量。這對單一旅館而言，國際連鎖旅館所具備的優勢，即是擁有國際的銷售通路。

可是在台灣方面，由於餐館業者這些年才開始意識到GDS所擁有龐大的分銷網路之重要意義，故在運用GDS系統及使用其功能方面都算是剛起步的階段，所以在操作上仍有許多待克服及改善之處。以下將舉餐旅業中之旅館業使用全球配銷系統之優缺點，根據陳哲軒等（2007）研究指出觀光旅館應用GDS之優勢與劣勢如下：

一、GDS之優勢

1.GDS系統的使用除了可以增加旅館銷售管道，還可以將市場擴展至全球市場，並觸及許多潛在的市場。

2.旅館可透過GDS系統與使用GDS的旅行社合作，讓其行銷可以廣布全球，成為彼岸共同促銷合作的夥伴。同時還可以透過GDS所提供的種種服務，達到廣告等行銷策略性行為。

3.旅館接待及訂房之工作，比起以往的電話訂房方式節省下不少時間，旅館在人力的使用上能更為充分的運用，使旅館達到更高的獲利點。

二、GDS之劣勢

1.GDS系統的英文操作介面經常使得旅館人員頭痛不已。尤其對於講究迅速、確實的服務業而言，要熟悉並善用此套系統，仍需要花費一些時間在人員訓練上。特別是語言上的隔閡問題，更是有待GDS系統提供業者及旅館人員去克服。因此，對於旅館人員而言，此套系統並非每一位旅館人員皆能輕易上手。

2.旅館舊有設備是否符合GDS系統的使用要求，也形成旅館在使用上的一大阻礙，若是系統設備功能性無法配合GDS系統的操作，旅館業者勢必要花費一筆不小的費用進行系統革新，其所花費的成本是否能在往後回收，也是旅館人員在使用GDS系統前必須考慮的一項問題。GDS系統在國外旅館使用上相當普遍，但在國內市場卻是剛起步而已，其成效是否適合台灣市場仍有待觀察及瞭解。

經由上述分析後，本書建議未來的旅館業者欲購置使用GDS系統時，應先加強GDS操作人員方面的訓練，使操作人員瞭解、熟悉電腦操作程序。以便整合旅館電腦室與訂房部間的互相合作，讓服務人員可以有效地進行房間控管、價格控管及淡旺季單日控管等方面訓練。

同時，在語言教育方面也要提升操作人員的語言能力，以減低操作人員的障礙，使旅館操作流程更為順暢。此外，尚需評估旅館營收面與好處等問題，接著考量設備上的提升以及所需花費的價錢。由於旅館間軟、硬體的使用不同，因此，需考量設備方面與GDS系統間相互連結與全球化等相關問題。

第四節　個案與問題討論

個案討論

穆拉姬嚕嘎拉農場200A號房內

一樣的落地窗，同樣的客廳超大螢幕電視，也在同樣低鳴播送著來自媒體的報導——

「很高興，今日阿姍、安娜來到台東縣太麻里的穆拉姬嚕嘎拉農場，我是阿姍。」

「我是安娜。阿姍，妳知道台灣擁有最大的草原和湖泊就是今天我們來到的穆拉姬嚕嘎拉農場嗎？」

「我知道啊，這麼有名，我八百年前就知道了。」阿姍不屑的說著。

「妳既然這麼有自信，那妳說說妳知道什麼。」

「知道什麼？！用說的不稀罕，我帶妳親自去看，妳就知道我知道什麼了。各位觀眾我們一起來喔～」

於是，阿姍、安娜背著張君雅小妹妹的背包，一邊走一邊互搶對方的張君雅吃，不時的還有快打起來的模樣，不過，這都是幕後不為人知的一面，觀眾是看不到的，話繼續說下來，她們稍微微胖的樣子正在一座小巨蛋般的圓形餐廳門前為彼此整裝，溢滿窗景的綠意，即將把農場最具特色的圓形餐廳，傳送到全國各地所有碰巧正在看這頻道的電視畫面中。

「阿姍，我帶妳來這間餐廳好好品嘗一下美食。你們知道嗎？農場裡面，最離不開話題的除了湖泊和草原外，就是這間藏在綠意之中的圓形餐廳了，有知識、還常看電視的人一定都知道，這間餐廳是某八點檔主要取景的地點，可是看過不如來過，你們知道嗎？這間劇場型的餐廳，中間就是動感舞台，擁有立體與豪華的聲光設備，用餐的價格非常經濟實惠，尤其你們看……」安娜往上一指，鏡頭一拉——「□□□□□」，活動從9/9～10/10，為期一個月的活動特價期間。

側旁的阿姍一手拿著張君雅，一面舔著手指頭，不時的東轉西轉東望西瞄的看著，在聽到「你們看……」的時候，她突然回過神來，說：「安娜，妳說完沒，我們可以進去了嗎？」

「等一下啦！先說好來，我們不可以帶外食進去喔～快把張君雅收起來～」鏡頭畫面一轉，一整桌的風味料理滿場排開，好，在這裡我們就不贅述細節了。話收回來，這裡我們回來看看，正在房間裡頭看著電視螢幕的崔葦芢，她就是穆拉姬嚕嘎拉農場的常駐藝術家，更是餐廳活動的代言人，她所看的正是前些天她和阿姍、安娜一起錄影的美食旅遊電視節目。

穆拉姬嚕嘎拉農場200A號房內

「鈴～」突然一聲聲響把正在落地窗邊沉思許久的崔葦仁重重拉了回來。崔小姐按了一下遙控器，不一會兒的時間，一位虛擬實境的電子櫃檯員，透過虛擬人像系統出現在房門的前方，這麼說著：

「崔小姐您好，這裡是櫃檯，有一群十八、九歲的客人不知為何知道您住在農場內的客房裡，現在他們在櫃檯和另一位同事吵說要見您，說如果不幫他們引薦，他們就上去客房直接找您，現在他們已經被門房稍微拖住了，但是現在又來一批人了，為了避免打擾您的休息，是否願意讓我們幫您換房？」

「這樣呀～」崔葦仁聽完之後，苦惱的說著。還未做決定時，突然「叮咚……」門口的電鈴突然響起，外頭有一股窸窸窣窣聲正在鼓動著。

「妳稍等一下喔～」崔葦仁走向門口從貓眼望去，已經有一群人來了，還在房門口推來擠去的，她又走向落地窗口往下一望，果然還有一些人在外頭圍觀著，於是她轉身繼續和櫃檯人員說：

「小姐，他們已經有一群人來我房門口按電鈴了，我想換房這件事情不如先想辦法把這群人先請走……」想而可見，即使農場裡頭已經裝設了各層樓的刷卡保護設施，仍舊無法逃得過有心人的行為舉止了。

穆拉姬嚕嘎拉農場的網頁——與我們連絡

這時農場的秘書室正點選著一封封「與我們連絡」的顧客訊息，其中有一封信的一小段這麼寫著：

「……除了上述這幾點以外，你們這個農場也是有優點的啦，不過偶還是要說一下，你們的餐點偶覺得跟上次電視節目播的時候不太一樣，電視上的看起來很好吃的樣子，可是來過之後，就覺得很失望。比如說，藕斷絲連這道菜，明明電視的美食節目，還有旅遊雜誌上都有很多而且大大的蓮藕片，可是現場吃卻只有少少小小的五片而已，讓人有種被騙的感覺，而且我們吃到的味道也跟報導的不同，比如說，雜誌上寫酸酸甜甜的，可是為何我們吃的時候，那種酸是餿掉的酸味，讓我們百思不得其解……」

問題討論

1.請利用本單元所學，在上述個案中按圖索驥，為穆拉姬嚕嘎拉農場設計一套專屬的旅遊住宿用餐三合一的行銷策略。

2.觀光餐旅行銷時應注意的原則？

3.何謂全球配銷系統（Global Distribution System, GDS）行銷？

第十章 觀光餐旅業服務態度

第一節　服務態度的內涵與重要性

第二節　顧客滿意度內涵與重要性

第三節　服務態度構面與文化探討

第四節　個案探討與分析

台灣的經濟發展，已由工業經濟轉變至服務業為主流之知識經濟時代。欲提升國家競爭力，促進經濟發展，必須發展具高附加價值的產業，為達此目標，行政院提出「2015年經濟發展願景」之產業人力配套方案中，明確的揭示為提供產業技術與專業人才，將啟動產業人力扎根計畫、重新建構技職教育體系、加值產學合作連結創新等計畫項目。教育部更積極規劃十二項重點領域，其中於發展重點服務業中，觀光餐旅業即為重點產業之一。由經濟部統計處（2006）之資料顯示，近年來台灣產業的變化，就各部門產值在國內生產毛額（GDP）中所占之比重而言，服務業已由1993年的57%增加至2005年的67.8%；而觀光餐旅業之從業員工人數亦有14.5%之成長。因此，政府將觀光發展列為施政重點，視其為經濟推動與策略之環節，民間更將觀光餐旅產業作為投資標的，視其為企業轉型再造之出路。因此，服務人才培育將為提升觀光餐旅服務品質的重要關鍵，亦為當前觀光餐旅業者經營努力之目標。此外，第九章行銷管理亦強調顧客關係的重要性。故本章將專章探討服務態度與顧客之關係，並依次介紹服務態度的內涵與重要性、顧客滿意度內涵與重要性、服務態度構面與文化探討及個案探討與分析。

第一節　服務態度的內涵與重要性

本節將介紹服務態度的內涵與相關研究以及服務態度之重要性，其說明如下：

一、服務態度的內涵與相關研究

於學理上，服務態度是一種心理歷程與傾向（本明寬，

1998），它除了會影響一個人的意向與行為外，並具有時間之持續性（Schiffman & Kanuk, 1994），故常被視為服務品質考量上重要且有效的指標（楊宗威，1995）。Tornow與Wiley（1991）發現顧客滿意與服務態度間呈現正相關。Schlesinger與Heskett（1991）證明服務態度、顧客購買與員工績效報酬間有著循環關係。尤其當產品之價格與品牌旗鼓相當時，服務態度便成為競爭差異化的主要利器（Christopher, 1992）。Schiffman與Kanuk（1994）認為態度有三項特質：(1)態度是一種經由學習所產生的心理傾向；(2)態度與行為具有一致性；(3)態度係針對某一特定對象而言。Katz與Stotland（1959）認為態度是由認知（cognitive）、感覺（feeling）與行動傾向（action tendency）等三者所組成，且其先後排序以認知最先，感覺次之，行動傾向最後。

根據Chase與Bowen（1987）指出，餐旅業是純服務業的一種。因此，服務不僅是服務人員為顧客提供精神上與體力上的勞務之外，也包括顧客所獲得的一種感覺。因此，如何使服務人員以良好的服務態度為顧客服務，以滿足甚至超越顧客的需求，乃是餐旅服務人員應努力的方向。Geller（1985）調查美國27家旅館74位管理者，獲得九個關鍵成功因素，依序分別為：(1)員工的態度；(2)顧客對服務的滿意；(3)華麗的設施；(4)良好的地點；(5)成本的控制；(6)利潤最大化；(7)增加市場占有率；(8)增加顧客的價值感；(9)正確的選擇目標市場。

過去的研究中，有關員工的友善服務態度包括員工服務傳遞過程與方式的態度（Heskett & Schlesinger, 1994），服務人員對顧客的服務熱誠、親切、禮貌、微笑及整齊清潔的儀容（徐于娟，1999），進而與顧客建立良好的關係（Crosby, Evans & Cowles, 1990）。有關餐旅服務人員提供服務的意願及敏捷程度，如顧客所提出的問題，而服務人員是否能給予快速反應（林東陽，1999）、有效且可靠的替顧客解決問題與抱怨之服務，進而使顧客滿意（Dabholkar, 1996）。服務人員能以同理心站在顧客的立場，全心全意去瞭解顧客的需求，深知顧客的個別需求，耐心的關懷顧客，提供顧客的個別服務等（林東陽，1999）。Heskett與Schlesinger（1994）提到要使服務者有好的態度需要持續性的服務態度訓練、在招募上下工夫、良好的待遇與對服務人員的授權。蔡蕙如（1994）研究指出，較佳的服務品質感受，往往有一部分取決於服務人員的工作態度。Crosby、Evans與Cowels（1990）也認為服務人員和顧客在服務過程中所建立之良好的關係，是影響服務品質的重要因素。

二、服務態度之重要性

觀光餐旅為一典型服務產業，主要特性為服務的提供者（員工）與接受者（顧客）的互動關係密切，而服務態度的發生主要為服務員工與顧客行為面的互動關係上。因此，瞭解員工服務態度的差異所在，將是組織中最應該重視的因素。因為當服務顧客的員工所持的服務態度是正面的，則其在服務接觸過程中，經由工作所表現出來的服務品質應該會較高。因此，服務人員的態度是非常重要的，如果態度友善親切且積極熱心，則可提高顧客的滿意度，並進一步強化服務利潤鏈的產生。

筆者於2003年針對台灣國際觀光旅館61位管理者與20位大專院校餐旅系教師問卷結果指出：旅館管理系學生之專業技能分為專業知識、專業技巧、管理能力、溝通能力與服務態度等五大構面，而以「服務態度」構面為最重要，可見服務態度在服務技能中扮演關鍵角色。此外，嚴長壽（2002）在其所著《御風而上》一書中指出，專業的「態度」其實要比「技術」更為重要。綜合上述得知服務態度在餐旅業之重要性，因此，本節主要探討服務態度。

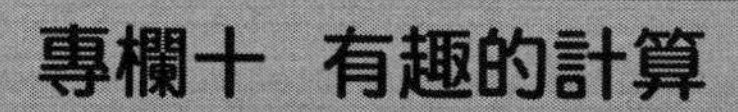

專欄十 有趣的計算

如果令A、B、C、D……X、Y、Z這26個英文字母，分別等於百分之1、2、3、4……24、25、26這26個數值，那麼我們就能得出如下有趣的結論：

Hard work（努力工作）

H+A+R+D+W+O+R+K=

8+1+18+4+23+15+18+11=98%

Knowledge（知識）

K+N+O+W+L+E+D+G+E=

11+14+15+23+12+5+4+7+5=96%

Love（愛情）*Luck*（好運）

L+O+V+E=12+5+22+5=54%

L+U+C+K=12+21+3+11=47%

Then

這些我們通常非常看重的東西都不是最圓滿的，雖然它們非常重要，那麼，究竟什麼能使得生活變得圓滿？

是Money（金錢）嗎？

M+O+N+E+Y=13+15+14+5+25=72%

是Leadership（領導力）嗎？

L+E+A+D+E+R+S+H+I+P=

12+5+1+4+5+18+19+9+16=89%

是Sex（性）嗎？

S+E+X=19+24+5=48%

那麼，什麼能使生活變成100%的圓滿呢？

Its Attitude（態度）

A+T+T+I+T+U+D+E=

1+20+20+9+20+21+4+5=100%

正是我們對待工作、生活的態度能夠使我們的生活達到100%的圓滿！

第二節　顧客滿意度內涵與重要性

本節將介紹顧客滿意度內涵及顧客滿意度重要性與相關研究，說明如下：

一、顧客滿意度內涵

消費者行為文獻指出，顧客滿意度為購買決策的一個重要因素。許多服務業者著眼於以提升顧客滿意度，來增進顧客重返的生意、顧客的忠誠，進而導致長期獲利的結果，並著重於管理重點的衡量。因此，數以萬計的金錢均花費在顧客滿意的追蹤上（Wirtz & Bateson, 1995）。

從財務管理的觀點，顧客滿意不但對獲利力有顯著的影響，且可經由過去績效的評估，進而預測未來財務的狀況。Rust與Zahorik

（1993）提出顧客維持主要由顧客滿意所導致，並為市場占有的重要條件。Anderson、Fornell與Donald（1994）探討顧客滿意、市場占有率與獲利力的關聯性，研究發現顧客滿意度對經濟性利潤有正向影響。

從行銷管理的觀點，使顧客滿意不但可不斷地與舊有顧客建立關係，相較於爭取新顧客，是一種成本較節省的途徑，而且可使舊有顧客有較高的再購傾向，並經由正向的口碑來爭取新顧客。Bearden與Teel（1983）指出，消費者滿意對行銷者之所以重要的理由是消費者滿意通常被假定為是重複購買、正向口碑與消費者忠誠的顯著決定因素。Anderson與Sullivan（1993）對瑞典第一百大企業之前三十個產業所作的年度調查顯示，消費者滿意為提升品質、使企業更具競爭力之市場導向氣壓計，可作為建構第一個全國性顧客滿意指標。

綜合上述研究顯示，顧客滿意度的重視度已經廣泛被企業實務與學術研究所確認。顧客滿意不僅是行銷的核心概念之一，亦是學術與實務研究所共同感興趣之研究議題。事實上，顧客滿意度被視為是1990年代競爭環境下，創造持久性優勢不可或缺的手段（Patterson, Johnson & Spreng, 1997）。因此，本研究希望藉由員工的服務態度，進而瞭解顧客滿意度。

二、顧客滿意度重要性與相關研究

有關顧客對旅館滿意度之國內外文獻很多，以下將介紹顧客從不同的旅館型態、構面與角度對旅館之滿意度做說明如下：

Lewis（1985）指出商務旅客最重要的屬性是服務品質、安全、安靜；旅遊旅客最重要的屬性是安靜、安全、形象。

Atkinson（1988）調查廉價級旅館顧客滿意屬性，擷取三十八個屬性，其中最重要的前兩項屬性為安靜的房間、安全與隱私。

Cadotte與Turgeon（1988）根據1978年美國旅館與汽車旅館協會（American Hotel and Motel Association）的問卷，列出二十六個服務屬性。整理出最常被旅客稱讚者為服務人員的態度、旅館的清潔；而旅客最常抱怨者為價格、服務速度、服務品質。

Martin（1986）指出餐旅服務品質分析之因素為：友善面、有形物、再保證、同理心。

Ananth、DeMicco、Moreo與Howey（1992）蒐集五十七個旅館屬性分成五個因素：服務與便利性、安全與價格、一般美好設備或服務、成熟的特殊屬性與房間的美好設備或服務。

Barsky與Labagh (1992）曾建立「顧客滿意的矩陣」，分為四區，即：關鍵優勢、無意義優勢、風險與機會、潛在威脅。其主要運用屬應有：員工態度、地點、房間、價格、設施、接待、服務、停車與餐飲等九項。

美國旅館與汽車旅館協會曾對經常旅遊的美國旅客作問卷。其最重要的選擇美國旅館準則，依次有十二個因素：清潔外觀、價格合理、便利的地點、親切的服務、安全與保障、知名度與商譽、公司與家庭折扣、訂房服務、娛樂設施、個人免費設備、親友推薦與連鎖常客專案。

Gallen（1994）透過文獻探討收集一百三十九個服務屬性，再經過旅館業的經理人員深度訪談，進而建立九個主要的顧客滿意因素：地點與形象、價格與價值、能力、通路、安全、附加的服務、房間、休閒設施、服務提供者與他（她）對顧客的瞭解。十二個最顯著的屬性：地點便利、友善、殷勤接待、房內有茶與咖啡機、停車場、房內有工作區、休閒設施的提供、專業員工、有效率的經營、個人服務、有效的門鎖系統、員工溝通技巧。

Homburg與Rudolph（2001）研究中歸納顧客滿意主要評估構面有三：(1)實體屬性；(2)互動屬性；(3)服務屬性，其中包括業務人員對顧客持續關心、請求的回應、問題解決及抱怨處理等皆屬於服務屬性。

郭德賓（1998）亦針對服務業顧客滿意評量模式，從八種不同類型服務業中實證發現：影響服務業顧客滿意的主要因素為服務內容、價格、便利性、企業形象、服務設備、服務人員與服務過程等七個主要因素。

吳進益（2002）研究指出服務人員提供快速服務及提供個人化服務為國際觀光旅館顧客滿意之要素（如**表10-1**）。

表10-1　旅館顧客滿意與員工服務態度屬性相關文獻彙總

作者	屬性
Lewis (1985)	商務旅客最重要的屬性是服務品質、安全、安靜；旅遊旅客最重要的屬性是安靜、安全、形象。
Atkinson (1988)	調查廉價級旅館顧客滿意屬性，擷取三十八個屬性，其中最重要的前兩項屬性為安靜的房間、安全與隱私。
Cadotte and Turgeon (1988)	美國旅館與汽車旅館協會的問卷，發現最常被旅客稱讚者為服務人員的態度、旅館的清潔；而旅客最常抱怨者為價格、服務速度、服務品質。
Martin (1986)	餐旅服務品質分析之因素為：友善面、有形物、再保證、同理心。
Ananth, DeMicco, Moreo and Howey (1992)	五個因素：服務與便利性、安全與價格、一般美好設備或服務、成熟的特殊屬性與房間的美好設備或服務。
Barsky and Labagh (1992)	主要運用屬性有：員工態度、地點、房間、價格、設施、接待、服務、停車與餐飲等九項。
Callen (1994)	十二個構面：地點便利、友善、殷勤接待、房內有茶與咖啡機、停車場、房內有工作區、休閒設施的提供、專業員工、有效率的經營、個人服務、有效的門鎖系統、員工溝通技巧。
Homburg and Rudolph (2001)	研究中歸納顧客滿意主要評估構面有三：(1)實體屬性；(2)互動屬性；(3)服務屬性，其中包括業務人員對顧客持續關心、請求的回應、問題解決及抱怨處理等皆屬於服務屬性。

（續）表10-1　旅館顧客滿意與員工服務態度屬性相關文獻彙總

作者	屬性
郭德賓（1998）	亦針對服務業顧客滿意評量模式，從八種不同類型服務業中實證發現：影響服務業顧客滿意的主要因素為服務內容、價格、便利性、企業形象、服務設備、服務人員與服務過程等七個主要因素。
吳進益（2002）	研究指出服務人員提供快速服務及提供個人化服務為國際觀光旅館顧客滿意之要素。

資料來源：郭春敏（2006），國際觀光旅館顧客對員工服務態度滿意度與重視度之研究。

第三節　服務態度構面與文化探討

根據筆者2005年研究指出，國際觀光旅館顧客對員工服務態度滿意度研究中，服務態度為親切友善、同理貼心、積極服務及解決問題等四個概念構面及二十八項服務屬性（如**表10-2**）。本小節主要探討服務態度，可分為解決問題、同理貼心、積極服務及親切友善等四個構面，進行ANOVA檢定，以瞭解這些構面在台、日、美三國顧客間對服務態度之滿意度與重視度是否具有共同性或差異性。

一、台、日、美三國顧客對解決問題構面重視度

以解決問題構面進行之三國顧客ANOVA檢定結果顯示，解決問題在三國顧客間之重視度有顯著差異（$p<0.05$），經由Scheffe檢定的結果可發現，三國有關解決問題之重視度上，日、美及日、台顧客間則呈現顯著之差異。美、台則呈現不顯著差異。其中，台灣顧客對解決問題重視度之均值最高，日本顧客對解決問題則最低。

表10-2　服務態度構面與項目

服務態度構面	服務態度項目
親切友善	1.會隨時對您保持微笑 2.有禮貌的問候您 3.服裝儀容整齊優雅 4.服務過程中精神飽滿 5.對於您的國籍或膚色，沒有任何差別待遇
同理貼心	6.主動考慮您的個別的需求，提供個人化服務 7.以您的利益為第一優先考慮 8.主動詢問您的需求 9.隨時注意您的安全與隱私 10.服務人員會站在您的立場，設身處地為您著想 11.服務很親切如朋友般跟您交談
積極服務	12.主動正確地告訴您飯店優惠方案等相關的訊息 13.縱使服務人員很忙，也隨時注意您的需求 14.會適度幫您介紹飯店新設備或產品 15.服務過程中，動作舉止是優雅合宜的
解決問題	16.當您不悅或抱怨時，服務人員會耐心解決問題 17.當您不悅或抱怨時，服務人員能詢問原因並加以解決 18.服務過程快速且有效率 19.正確無誤的提供您服務 20.迅速有效的處理您的問題 21.當您不悅或抱怨時，服務人員會仔細聆聽並致歉 22.對於您的要求或抱怨，服務人員會事後加以追蹤，以瞭解您的滿意程度 23.保持冷靜，處理您的問題 24.對您的要求，能立即回應與服務 25.隨時注意突發狀況 26.願意主動協助顧客處理問題 27.會辨識您的肢體語言，並提供適當的服務 28.不因您的穿著，提供不一樣的服務

資料來源: Kuo, C. H. (2007). The importance of hotel employee service attitude and the satisfaction of international tourists, *The Service Industries Journal, 29*(7-8), 1037-1086.

二、台、日、美三國顧客對同理貼心構面重視度

以同理貼心構面進行之三國顧客ANOVA檢定結果顯示，同理貼心在三國顧客間重視度有顯著差異（$p<0.05$），經由Scheffe檢定的結果可發現，三國有關同理貼心之重視度上，日、美及日、台顧客間則呈現顯著之差異，而台、美則呈現不顯著差異。其中，美國顧客對同理貼心重視度之均值最高，日本顧客對同理貼心則最低。

三、台、日、美三國顧客對積極服務構面重視度

以積極服務構面進行之三國顧客ANOVA檢定結果顯示，積極服務在三國顧客間重視度有顯著差異（$p<0.05$），經由Scheffe檢定的結果可發現，三國有關積極服務之重視度上，日、美，日、台及台、美顧客間則呈現顯著之差異。其中，台灣顧客對積極服務重視度之均值最高，日本顧客對積極服務則最低。

四、台、日、美三國顧客對親切友善構面重視度

以親切友善構面進行之三國顧客ANOVA檢定結果顯示，親切友善在三國顧客間重視度有顯著差異（$p<0.05$），經由Scheffe檢定的結果可發現，三國有關親切友善之重視度上，日、美及日、台顧客間則呈現顯著之差異，而台、美則呈現不顯著差異。其中，台灣顧客對親切友善之均值最高，日本顧客對親切友善則最低。

以上經由ANOVA分析結果，得知台、日、美三國顧客對員工服務態度重視度均有顯著差異，而進一步經Scheffe檢定得知，三國顧客對服務態度四個構面中，除同理貼心構面為美國顧客均值最高，其餘之解決問題、親切友善、積極服務等三構面均值以台灣最高，而日本

在各個構面之均值皆最低。

從國民文化的角度來看，Harrison（1993）指出日本為集群主義，美國為個人主義。由於日本顧客大多以團體旅遊（package tour）為主，其顧客將注意力集中於行程之安排，而較不在意旅館住宿條件之選擇，因其主控權大多落在旅行社與導遊身上；美國顧客則大多以散客（free individual tour）之商務旅客為主，多數透過秘書或個人安排住宿，故較重視旅館之選擇條件。至於台灣顧客除同理貼心構面外，其重視度構面之均值最高，係因台灣旅館員工接待外國顧客時，傾向表現解決問題、親切友善與積極服務之服務態度，激起台灣顧客冀求能受到同等待遇之心態，故台灣顧客對親切友善與積極服務之要求更為渴望。

五、台、日、美三國顧客對解決問題構面滿意度

以解決問題構面進行之三國顧客ANOVA檢定結果顯示，解決問題在三國顧客間有顯著差異（$p<0.05$），經由Scheffe檢定的結果可發現，三國有關解決問題之滿意度上，日、美，日、台及台、美顧客間則呈現顯著之差異。其中，美國顧客對解決問題之均值最高，日本顧客則最低。

從國民文化角度，Alden、Hoyer與Lee（1993）指出「權力距離」較高的文化，階級制度分明，如日本為代表，對不平等權力分配的容忍度高，可能源於其歷史的層級制度，故較不採取抱怨行為。「權力距離」較低之美國文化，則較傾向平等，對不平等權力分配的接受程度偏低，可能來自其本性較提倡道德主義、人本與平等主義（Mill & Morrison, 1985）。而Nakata與Sivakumar（1996）認為高「規避不確定性」的社會如日本，人們比較不願改變、不願冒風險、畏懼失敗，認為衝突是不愉快的，比較避免口頭或第三者抱怨；低「規避

不確定性」之美國，則擁有高不確定性容忍度。相較於較不採取抱怨行為之日本，美國顧客對員工服務不滿時即較會抱怨，且所採取之抱怨讓旅館有機會去改進並加以補償，故提高美國顧客滿意度（Huang, Huang & Wu, 1997）。相對於日本顧客之沉默不抱怨，旅館業將較沒有機會去作補償的動作。

六、台、日、美三國顧客對同理貼心構面滿意度

針對同理貼心構面進行之三國顧客ANOVA檢定結果顯示，同理貼心在三國顧客間有顯著差異（$p < 0.05$），經由Scheffe檢定的結果可發現，三國顧客對同理貼心之滿意度上，日、美及台、美呈現顯著之差異，日、台則呈現不顯著差異。其中，美國顧客對同理貼心之均值最高，日本顧客對同理貼心則最低。

從國民文化角度，日本與台灣傾向「陰柔主義」，故日、台則呈現不顯著差異。乃由於日本與台灣是接受佛教、神道與孔子思想的薰陶所致。因此兩者間在觀點、景象與文化邏輯較相似，皆強調人際間和諧的互動（Gibert & Tsao, 2000），而美國屬於希臘羅馬與猶太基督的文化背景，因此兩國旅客的信仰、價值觀、態度、抱怨意圖與行為有重大不同。故台灣與日本顧客對同理心的構面其滿意度相似，並無顯著差異。

七、台、日、美三國顧客對積極服務構面滿意度

針對積極服務構面進行之三國顧客ANOVA檢定結果顯示，積極服務在三國顧客間滿意度有顯著差異（$p < 0.05$），經由Scheffe檢定的結果可發現，三國顧客對國際觀光旅館員工積極服務之滿意度，台、美及美、日顧客間則呈現顯著之差異。其中，美國顧客對積極服

務之均值最高，日本顧客對積極服務則最低。此乃由於美國顧客比較有給服務人員小費之習慣，激發員工積極的服務態度所至，故美國顧客對員工積極服務之感受較深，因而均值最高；反之，日本顧客比較沒有給服務人員小費之習慣，且加上日本顧客個性較拘謹內斂（Ziff-Levine, 1990），而對員工的服務態度有所壓抑。

八、台、日、美三國顧客對親切友善構面滿意度

針對親切友善構面進行之三國顧客ANOVA檢定結果顯示，親切友善在三國顧客間有顯著差異（$p<0.05$），經由Scheffe檢定的結果可發現，三國顧客對親切友善滿意度上，台、日及日、美顧客間則呈現顯著之差異，而台、美兩國並無顯著差異。其中，美國顧客對親切友善滿意度之均值最高，日本顧客對親切友善則最低。導致此現象之原因可能為國家文化及人文等特性而造成三國不同之顧客滿意度，而在整體的服務態度滿意度上，發現台灣與美國兩國經Scheffe檢定發現並無顯著差異。

從國民文化角度，de Mooij與Hofstede（2002）指出「陰柔主義」之日本，重視人際關係、幫助他人、謙虛、友善氣氛、養育照料與謙遜等（Hofstede, 1996）。日本顧客本身就非常重視禮貌且客氣，對親切友善要求較高，導致日本顧客對親切友善滿意度最低。因此，就日本顧客而言，台灣的國際觀光旅館員工親切友善還有很多的努力空間，Ziff-Levine（1990）指出，日本人個人行為特性為內隱客氣、低姿含蓄、和諧、正式等。因此，我國國際觀光旅館業者應該針對其特性而加強員工親切友善度。此外，美國顧客對親切友善滿意度之均值最高，乃由於目前國內大多數的國際觀光旅館為美式的經營管理方式。美國顧客對我國國際觀光旅館員工的服務並不陌生，因此，對員工親切友善滿意度相對於台灣與日本則較高。此外，加上美國人比

較喜歡非正式、直接的、情感顯現等人格特質（Robbins, 1991），因此，對於員工親切友善的表現，比日本較不拘泥於形式。

第四節　個案探討與分析

個案討論

春子：27歲（業務員）
秋子：45歲（計程車司機）

最近因全球景氣不佳，各行各業員工皆擔心失業。但春子——「超級業務員」，月薪近八萬，近乎經理級的薪水，羨煞七年級生。原本春子是一位工程師，工作安定，收入也不差，但春子喜歡與人接觸，故她辭去令人羨慕的工作。

春子如何能成為一位「超級業務員」，緣於她十七歲高中時期就當志工，直到大學期間，亦至偏遠地區去當課輔或團康，在這期間她學會設身處地為他人著想，培養出責任感及服務態度。

春子分享她之所以能月入八萬的秘訣，不在於專業能力、語言能力，而在於服務態度，她強調品格教育的養成——態度是最主要的關鍵因素。成功的因素為學習態度、工作態度及與人相處的態度。做對的事且將事情做好，一定要有好的態度。現代人常希望錢多事少離家近，數錢數到手抽筋，這是不可能的事。

秋子原本是仲介業的主管，平均月入六萬，但因景氣不佳，前一陣子失業，因秋子為單親家庭，因此，她很努力的找工作希望能找到工作糊口，經過數次努力，還是找不到工作，在無技可施的狀況下，她去當計程車司機，結果平均月入七萬多，真是羨煞他人，其成功之道——貼心服務。秋子分享在她的計程車內準備有小朋友的汽球，提供給帶小朋友的乘客，她還備有漱口水液，永保口氣清香，刷卡機方便乘客付款，此外，她會依乘客狀況，主動詢問乘客要休息或聽音樂或看電視。並且從不跟乘客談政治與宗教等問題，因為她努力用心服務乘客。因此，很多乘客下車都會覺得秋子服務態度很好，進而要秋子的名片，就這樣她每個月能月入七萬。所謂行行出狀元，只要用心，天無絕人之路。

態度決定一個人生命的氣度與格局。

人的成就高低，不在於薪水與職務，而在於品格與氣度；品格有多寬，路就有多寬。

問題討論

1.請問個案中春子的成功之道？請分享您的看法與觀點？
2.請問個案中秋子的成功之道？請分享您的看法與觀點？
3.何謂服務態度？

第十一章
亞洲地區觀光餐旅產業發展

第一節　港澳地區

第二節　韓國與新加坡

第三節　日本

第四節　個案探討與分析

本章希望藉由瞭解國際觀光餐旅產業發展的經驗及現在的走向，找出可供我國觀光餐旅產業未來發展借鏡之參考。因此，以下將以臨近我國的亞洲國家，如香港、澳門、日本、韓國、新加坡為代表說明之。

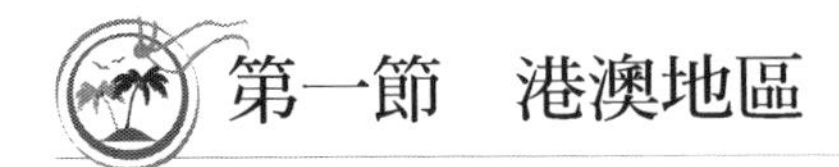

第一節　港澳地區

一、香港

香港地理位置優越，位處於世紀中心，為亞洲與大陸的交通樞紐，也是亞洲最受歡迎的旅遊景點之一。但在過去十年裡，香港的旅遊事業卻因政治、經濟與環境問題而遭受嚴重打擊，如1997年香港回歸中國大陸，與同年的亞洲金融風暴。就在這一切轉變趨於緩和之際，2003年4月嚴重急性呼吸道症候群（SARS）的橫行，又再度使香港的觀光產業面臨嚴峻考驗（陳菀愉，2006），尤其2003年5月，香港酒店的入住率更是跌到空前新低18%（香港旅遊發展局，2004）。

但自從2003年香港與大陸政府簽署了「內地與香港關於建立更緊密經貿關係的安排」（Closer Economic Partnership Agreement, CEPA），開放個人旅遊計畫後，使得2004年訪港旅客再創歷史新高。根據2004年來港遊客人數分析，2004年訪港旅客有2,180萬人次；分別主要來自大陸、台灣、日本三個國家。其中又以大陸旅客最多，高達1,225萬人次，占訪港旅客56.19%；而這當中有34.8%的遊客是以「個人遊」的身分訪港（香港旅遊發展局，2005）。此外，在短短一年之中，個人遊旅客從2003年的67萬人次激增至2004年的426萬人次，成長535%，同時還促使大陸人士訪港人數從2003年的847萬人次增加至1,225萬人次，成長44.6%。而事實上，2004年登記個人遊的人口高達1億4,830萬人，真正成行的個人遊旅客，僅占共2.87%，這顯示個人遊計畫仍有極大潛力，持續為香港旅遊注入活水（World Tourism Organization, 2005）。

另外，就旅客訪港性別來說，以男性居多，且多為已婚人士，職業多為高級行政人員，來港目的是為了度假，其中大部分表示曾經來港超過一次，訪港方式以不參加旅行團居多，且多數旅客表示他們會再度訪港（陳菀愉，2006）。而歸究香港能吸引旅客來旅遊的推動力有三大主要元素：美食、購物（香港向來稅價較低，有「購物天堂」之美譽）、旅遊。香港最受歡迎之旅遊景點有：太平山頂、露天市場、海洋公園、香港會議展覽中心、淺水灣及迪士尼樂園（香港旅遊發展局，2005）。

不過，Qiu與Lam（1997）在中國內地旅客到香港旅遊的一個需求模式研究中特別指出，「每人平均可支配收入」與「簽證要求的放寬」兩項因素對內地旅客來港的意願有顯著影響。同樣地，Zhong與Lam（1999）在對大陸地區旅客來港旅遊的動機研究發現，推動大陸民眾來港旅遊的最重要因素為：知識、名望與人際關係的提升。而吸引他們到香港旅遊最重要的原因則是，香港高科技的形象、消費和易於進入（入境限制較寬）。所以，從研究發現入境限制放寬及人民收入水準增加，對大陸旅客之旅遊動機有重要影響。

全球赴香港觀光人數因個人遊計畫而大幅成長。這對台灣而言，此種經驗是開放大陸人士來台觀光的重要參考指標。根據觀光協會估計，每名大陸人士來台旅遊七至八天的行程，其消費額度約為5萬元（不含機票）；若每年來台100萬人次，將對台灣旅遊業直接貢獻約新台幣500億元。若加上民間消費所引發的中、長期效果，以中央研究院吳中書教授的台灣總體經濟年模型為準，長期消費邊際傾向約為0.75、長期消費乘數約為4；此項收益衍生的所得效果，將達每年

2,000億元（陳世圯、黃豐鍵，2006）。因此，我國可以考慮比照香港模式，開放大陸人民來台「個人旅遊」，並放寬入台簽證作業手續，以增加旅客。

二、澳門

號稱「東方蒙地卡羅」的澳門，面積雖小卻是世界上人口最稠密的地方之一，也是亞洲人平均收入比較高的地區。根據宋秉忠（2006）的報導指出，一直以來澳門的主要收入是來自於旅遊業和博彩業，但在1999年，中國大陸剛收回澳門時，澳門人的每人國內生產毛額（GDP）由16,000美元降為13,000美元。不過自從2002年澳門特別行政區政府開放外資經營博彩業，以及2003年中國內地開啟港澳個人遊方式來澳門後，讓整個澳門更是如日中天。尤其在2004年，澳門的GDP一下子就突破22,000美元，超越台灣，在亞洲，次於日本、香港。2005年，澳門的GDP更已經超過24,200美元，逼近25,000美元大關。

且根據澳門統計暨普查局的資料顯示，2008年1月至8月旅客入澳總數達20,172,569人次，較2007年同期上升17.1%。其中主要客源市場的入境旅客數目，依次為：中國大陸（11,797,357人次，占總數的58.5%），而這當中又有4,942,148人次（41.9%）是持個人遊簽證訪澳；香港特區（5,434,365人次，占總數的26.9%）；台灣（902,958人次，占總數的4.5%）。另外，在酒店及同類場所方面，2008年8月客房總數有18,227間，與2007年同期比較，增加了10.6%。平均房價為澳門幣$761元，比去年同期上升5.1%。此外，至2008年8月，持有澳門特區政府旅遊局發出執照的旅行社為130間、導遊1,291名以及餐廳273間（澳門統計暨普查局，2008）。不僅如此，在會展及獎勵旅遊活動（MICE）方面，澳門都有明顯的成長。根據澳門特別行政區政府旅遊局（2008）的資料顯示，2007年澳門舉辦的會展活動有391場，較2006年成長8.6%，且參加人數達到117,860人次，比2006年增長106.5%。

然而，自2008年初開始，中國政府開始緊縮中國旅客赴澳門旅遊的限制，從原本的一月一簽改為兩月一簽，甚至傳聞將改為半年一簽，意味著中國旅客一年可到中國的次數，從十二次縮減至六次或兩次，造成中國旅客大幅減少。但金沙集團行政總裁安德森（Sheldon Anderson）確認為，現在走在金沙集團旗下的威尼斯人酒店中，旅客人數雖有減少，不復之前「摩肩擦踵」般地擁擠，但人潮仍然「川流不息」，從不間斷，雖然中國旅客比例已降至四成，但其他國籍旅客卻愈來愈多，包括台灣、日本、韓國、越南、印度、新加坡、以色列等，反而使得旅遊品質大幅提升。不僅如此，安德森還表示，發展一個成功旅遊勝地的關鍵，在於匯集比其他同類型城市更具特色的項目，因此，金沙集團將不斷地加入更多元的元素，包括高級零售與國際級娛樂產業。並同時揭櫫了金沙集團在澳門的發展方向，強調博奕只不過是金沙集團營收來源的一部分，未來從消費、會展、住宿所得的營收比例將快速增加。故展望未來澳門的經濟，除了優化旅遊博彩業之外，區域性的旅遊、會議展覽中心及泛珠三角發展將是澳門政府冀望能重新定位的方向（高永謀，2008）。

台灣已通過離島博奕條款，或許可參考澳門之經驗。這麼一來，不僅有利於增加本土就業機會外，還可以留住台灣賭客在本土消費，以刺激我國經濟成長。

專欄十一　文化創意　感動觀光

文化與觀光有密切的關係。想讓文化活絡起來，需要藉由觀光活動來吸引大眾參與；而一個地方的觀光，也需要文化來提升深度和內涵。如果旅行到一個地方，只是吃吃喝喝，這樣的觀光價值很低，不會讓人感動，更不必說吸引旅客再次回來。

多年前，香港將自己定位為亞太地區的經貿、金融中心。然而，在快速的發展下，雖然獲得這項殊榮，但也失去了自身的文化特色與內涵。同樣地，這幾年來，澳門隨著新政府的積極作為，大力發展博奕產業，使得澳門經濟快速起飛。不過，有些關心澳門永續發展的本地人士，已經意識到自己的危機。

因為過去的澳門由於葡萄牙政府並未積極開發，反而保留了一種慵懶、悠閒的城市氛圍，特別是華洋雜處，成就出一種特殊的魅力。其中以葡萄牙的傳統建築及半中半西的當地建築，和豐富多樣的葡國雞、葡式蛋塔、凍乳咖啡等食品，更是令人津津樂道。

可惜這幾年來，澳門改由無數個賭場大樓取代了澳門原有的建築，靠著博奕的刺激和聲色娛樂來帶動觀光，雖然吸引來了不少的觀光客，但多數的遊客把錢賭光、吃喝過了就離開，並不會對澳門這個地方有深入認識和體驗。加上遊客人數大多是來自第一階段的大陸觀光客。此種情形對一個地方的觀光市場而言是十分危險的；因為只要大陸政策有任何改變，過度依賴第一階段大陸的遊客，將可能立刻造成市場的危機。

更負面的影響是，由於政府沒有事先建立好人才培育的機制，使得各賭場大量且全面性的向其他產業高薪挖角，造成許多中小企業無法以同樣的高薪留住人才；此外，受到高薪的誘因，也讓更多的年輕人急於追求名與利，卻無心參加社團與公益事業。這樣的賭場經營所換來短

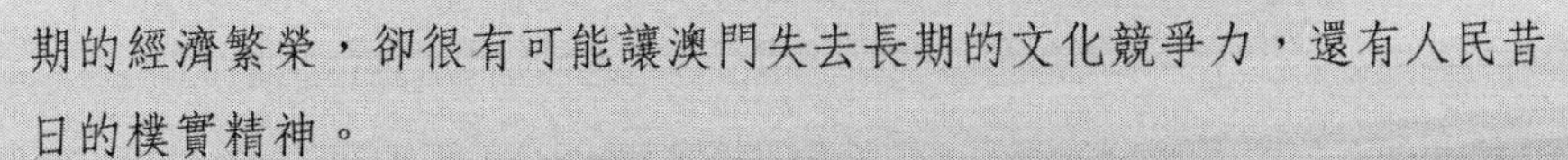

期的經濟繁榮，卻很有可能讓澳門失去長期的文化競爭力，還有人民昔日的樸實精神。

因此，我建議澳門，無論下一步為何，必須切記自己原有的文化特色，這是澳門最珍貴的資產，也是成熟的第二、第三階段觀光客正在找尋的度假地點。如果澳門政府願意用心包裝這個文化，塑造出澳門獨有的葡式幽情，一定能吸引第二、第三階段的觀光客。甚至，可利用國際賭場爭相進駐的同時，要求他們為澳門明日的文化與觀光做出貢獻，或許會帶來更多永續的效益。否則，過度重視市場需求，某些時候反而傷害到文化的保存與發展。

資料來源：嚴長壽（2008）。〈CEO視野：文化創意 感動觀光〉，《經濟日報》，2008年03月25日。

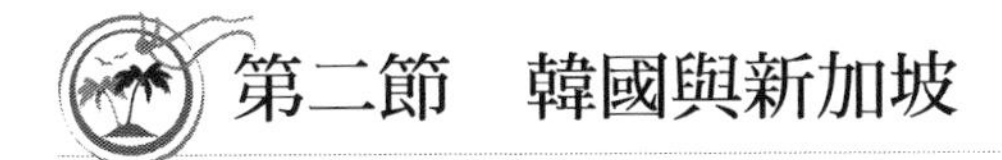

第二節　韓國與新加坡

一、韓國

韓國的觀光產業主要起源於1954年，到了六〇年代有了快速的發展，並於1962年6月26日成立了韓國觀光公社，其主要任務是吸引海外觀光客，宣傳韓國旅遊，建設旅遊區，研究、開發觀光產業等。後來進入八〇年代後，觀光產業變成韓國外匯所得的主要途徑之一，在國民生產總額中占有重要的比重，所以，韓國政府更是樹立了「觀光立國」為目標，並提出全體國民觀光要員化、全部國土觀光資源化、觀光設施國際標準化的口號（程丹，2007）。

但是，韓國的國土面積不是很大，自然景致和歷史古蹟也不是很多，所以這些都成為影響觀光產業發展的桎梏。而韓國觀光界也清楚地認識到，發展旅遊產業的關鍵在於是否能吸引更多的遊客，因此，韓國旅遊界利用一切可利用資源，並將觀光與經濟聯繫起來，創造出產業區觀光及流行音樂觀光。而所謂的產業區觀光就是把產業區作為觀光資源，將旅遊與產業開發、經濟發展連接起來。另外，流行音樂觀光就是結合流行音樂和傳統文化，並透過媒體的包裝後，將韓國人的民族心理和文化理念傳達出去，以吸引戲迷、樂迷前來旅遊觀光。特別是韓國的傳統文化以中國儒家思想為基礎，所以極易被亞洲人所接受（程丹，2007）。

所以，在「韓國觀光公社」網站部分（http：//www.tour2korea.com），提供韓、英、日、中（繁／簡）、法、西、德等多種語言版本介面，讓海外觀光客可以不必受到語言限制。而網站內容，除了一般官方觀光網站皆有的部分，如旅遊指南、購物、美食、文化及活動資訊外。韓國更以視聽娛樂產業作為扶植文化的重要項目，在其網站上可見到其他文化產業的資訊，例如慶典、演出、傳統文化、韓國體育世界、韓國演藝世界等，還包含比較特別的部分：如韓國電影（影片介紹）、韓劇（提供韓劇簡介、演員介紹）、「韓流」網頁（外景地、韓流風等幾大主題）等。

而跟韓國同樣地小、資源少的台灣，除了可將韓國當借鏡外，更可從中學習其精神。例如：台灣中部、東部有很多的好山好水，新聞局可以獎勵製作人多利用這些地點拍片，讓「地點」作為戲中的「景點」，進而變成「賣點」。而外交部則在國際上協助推廣，讓這些「賣點」成功行銷到國外，進而吸引戲迷前來台灣觀光參訪這些地點（例如電影《海角七號》就成功帶動恆春墾丁的觀光發展）。

二、新加坡

根據新加坡旅遊局（2008）的統計表示，2006年是新加坡破紀錄的一年，觀光收入及觀光客分別創了最高紀錄，分別達到124億新加坡幣及九千八百多萬人次，且就觀光客而言，較2005年成長9%。而這當中又以印尼、中國大陸、澳洲、印度及馬來西亞為主要客源，占所有觀光客比例51%。若就地區而言，則以亞洲國家的旅客占最多，高達73%之多。另外，在旅遊目的方面：旅遊觀光占37%，業務／會議展覽占28%，探訪親友占13%，其他占22%。

為何新加坡會這麼火紅呢？主要是因為新加坡是世界主要的石油冶煉及配送中心之一，同時也是主要的電子元件供應商，以及船舶製造和維修業的佼佼者，加上它現在也成為擁有超過130間銀行的亞洲最重要金融中心之一。不僅如此，新加坡還擁有傑出的通訊網絡，使其透過衛星及全天候電話電報系統與全世界相連，大大促進了商業活動。新加坡得天獨厚的地理位置，完善的設施，引人入勝的文化背景及各大旅遊景點，使它成功定位於商業和休閒的理想之地（新加坡旅遊局，2008）。

除此之外，新加坡的會議展覽環境更是享譽國際。同時，新加坡展覽與會議局（Singapore Exhibition and Convention Bureau）還是全球最佳城市聯盟的會員，而此聯盟是全球第一個且是唯一一個會議署聯盟，聯盟會員內含全球五大洲的八個會議署，其中包括開普敦、哥本哈根、杜拜、愛丁堡、聖胡安和溫哥華。所以連續二十三年被國際協會聯盟（2006）評為亞洲最佳會議城市，在國際會議協會（2005）的全球最佳會議城市評比中，榮獲全球第二的新加坡，已儼然成為舉辦商務活動必須考慮的場所，如會議、激勵性旅行、大會和展覽會等（新加坡旅遊局，2008）。

此外，新加坡政府更在2003年開始推動「新加坡醫療計畫」（Singapore Medicine），以發展新加坡成為亞洲醫療中心。而新加坡推動之重點醫療觀光服務業，包括基本健康檢查到尖端手術療程與各種專業護理，特別領域包括，整形美容、女性健康、腸胃內科、眼科、打鼾、抗老化與更換荷爾蒙治療法、心臟科、癌症、過敏等。由於政府單位分工細密，衛生部、經濟發展局、國際企業局、旅遊局及醫療觀光產業相關業者（如醫院及旅行社等）通力合作，在2005年與2006年分別吸引374,000人次與410,000人次的外國旅客前往接受醫療觀光服務，而這個數目正以每年20%的速率增長，前景大好。醫療旅客不僅在醫療上消費，他們本身以及和他們一起來的家人或親屬，肯定也會做購物、休閒娛樂之類的消費，他們所帶來的旅遊收益是很可觀的（王劍平，2008）。

而未來的新加坡會是怎樣呢？根據新加坡旅遊當局的希望，到了2015年，新加坡可以成為一個強而有力能吸引遊客的旅遊業，且商務橫跨整個世界。屆時希望每年可以吸引1,700萬旅客人次到新加坡旅遊，而旅遊收益也能夠增加到每年300億元，並為旅遊業製造十萬個額外的就業機會，兩個包含賭場的綜合度假勝地發展。同時也希望在2012年時，可爭取到每年100萬名醫療旅客，來提升其整體經濟（李雯，2006）。

同樣地，台灣的醫療水準以及醫療專業人才素質方面也相當優越，且有部分醫療技術已達國際水準，例如：心律不整電燒術、重建整型、骨髓移植、腦腫瘤、膝關節置換等。加上醫療費用較歐美等西方國家便宜，且在醫務管理與醫療服務方面也為人稱道。所以建議有關當局應盡速開放醫療觀光，以提升台灣觀光產業的競爭力。另外，會議展覽產業（MICE）是近年來國家積極推廣的產業，尤其台北市的發展環境跟新加坡很像。因此，未來可以學習新加坡的經驗，讓台北市也成為舉辦國際會議的最佳城市。

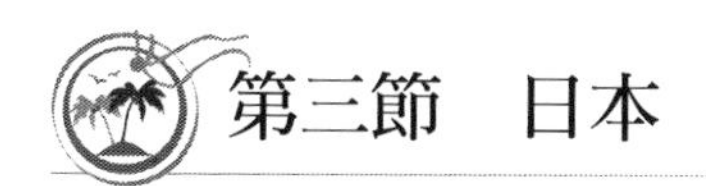

第三節　日本

日本旅遊業向來是一個出國旅遊（outbound）多、入國旅遊（inbound）少的赤字行業；根據日本國土交通省統計資料顯示，日本出國旅遊，2003年居世界第十五位；2004年居世界第十四位。前往日本旅遊，2004年居世界第三十位。但近年來由於受到泡沫經濟崩潰之影響，使得日本觀光旅遊業、飯店、航空等相關行業一致強烈要求政府採取切實措施並設立觀光廳，以吸引更多的外國遊客來日觀光（劉興善，2007）。

於是日本國土交通省自2003年推出「訪日觀光客倍增計畫」，特別提出20億日元作為旅遊宣傳和旅遊設施國際化改善之用，並於2006年年底，大幅修正過去的觀光基本法，將其改名為「觀光立國推進基本法」。並在2007年議定了觀光立國推進基本計畫，作為實現觀光立國理想之依據；並以增加外國觀光客、增加在日本舉辦國際會議的次數、增加日本民眾在國內觀光旅行的平均每人住宿日數、增加日本民眾前往海外觀光的人數，以及增加在日本國內觀光遊客的消費額為基本方針，同時更預期在2010年訪日旅遊的外國觀光客可以達到1,000萬名（張芳明，2008）。

但根據日本國際觀光振興機構（2008）調查報告顯示，2007年訪日旅客快速衝破800萬人次，來到835萬名；其中又以亞洲觀光客最多，有近八成主要旅客是來自中國、南韓、台灣和香港。且這三年間，訪日的觀光客增加約220萬名，和日本國土交通省原先預定2010年吸引1,000萬旅客訪日的目標相差不遠。所以日本國土交通省於2008年5月提出擬訂促進觀光的新目標，以東亞觀光客為主要對象，希望在2020年能夠吸引2,000萬名外國觀光客訪日旅遊（陳淑娟，2008）。並於2008年10月1日成立觀光廳，以作為推動觀光的單一窗口，並加強和外國聯繫合作、放寬核發簽證的條件及增加在國內舉辦國際會議的次數。

然而不僅如此，日本國土交通省還正式委任Hello Kitty為新一年的日本旅遊親善大使。希望透過超人氣的Hello Kitty在中、港兩地宣傳，可以吸引更多觀光客赴日旅遊。同時，為了育成觀光人才，日本國土交通省也修改「通譯案內士法」（即日本翻譯導遊業法），要求嚴格實行專業導遊制度，來改善旅遊接待環境、提供外國旅客更優質的導覽服務。甚至在成田、新東京、關西三個國際機場，以及東京、京都設有旅遊服務中心（Tourist Information Center），全國各地的重要車站、市中心地區設置服務處，還有善意導遊組織（Systematized Goodwill Guides, SGG），並備有多國語言旅遊資料與熟悉國際語言之觀光志工導遊提供免費導覽服務，惟仍須負責其食宿及交通費（劉興善，2007）。

國土交通省（2008）表示，訪日旅遊觀光客在旅遊動機方面，亞洲觀光客以購物及溫泉興趣較高，歐美訪客則興趣多在傳統文化、歷史古蹟與日本風俗民情方面。而日本旅遊文化的魅力所在，是能夠喚起外國遊客審美共識的文化等。透過個人間的交流，可以加強國際間的相互理解，另外，在日本人口逐年減少的形勢下，透過吸引外國人入境，可以促進地區經濟活性化，擴大商務活動，所以他們以觀光廳為中心，政府和民眾團結一致，積極開展此項工作，且估計，一年1,000萬名觀光客旅遊日本的住宿費和購物費等消費額將可達2兆5000億日圓（約新台幣7,380億元），加上外國觀光客喜歡前往溫泉勝地旅遊，極有助於日本地方都市的振興。

反觀同樣面臨出國旅遊多、入國旅遊少的台灣。雖然過去政府曾發表「二十一世紀台灣發展觀光新戰略」、「觀光客倍增計畫」等，目標以2005年達成350萬人次的目標為基礎，2006年旅客需達400萬人次、2007年為450萬人次，2008年達成500萬人次（陳世圯、黃豐鍵，

2006），但到目前為主，我們卻無法看到有較明顯的成效。所以從現在開始，我們要以更謙卑的心去學習國際觀光產業的經驗，例如：加強導遊的任聘資格，嚴格控管導遊素質及數量，保障導遊工作機會，才不至於濫竽充數，滿街是導遊卻沒有工作的窘境。甚至，可考量培訓設置地域性的導遊方式，讓城鄉間的年輕人有工作機會，除了可留在自己家鄉服務，還可以藉此振興和推廣當地經濟及文化。

第四節　個案探討與分析

今天我在學校聆聽到王品集團戴勝益董事長之演講，讓我感受深刻，尤其是睡袋原理、個人的苦惱及三合一咖啡三個故事，以下將整理轉述戴董事長演講之內容，相信觀光旅館從業者亦能從其舉例中學習培養自己的競爭力與附加價值、懂得處理問題的輕重緩急與重要性，及如何從工作、家庭與休閒中取得平衡，值得引人深思。

故事一：睡袋

戴董有個睡袋（他拿出了一個看起來很小又很輕的睡袋），這是台中的長青登山協會的何長老協助戴董去買的睡袋，他問戴董有沒有睡袋，戴董說有以前在大學時曾買500元的睡袋，何長老就說那個不用講，我帶你去買登山睡袋，登玉山可以用的。睡袋一公斤，他看到睡袋時還以為是睡袋的套子，但還是姑且相信它就揹到百雲山莊，戴董很害怕會不會冷死，怕不夠用，結果是夠用的，因為鋪出來跟人睡覺的空間一樣大，但它薄到幾乎感覺不到它的存在。剛鋪下來的時候，感覺很像裝屍袋，攤開睡著的第二天，在上面踩踹它就會大到跟棉被一樣大（睡袋做實驗），這樣的睡袋一個要5,000元。第二天，戴董納悶睡袋變得這麼大要怎樣塞回套子裡面呢？他還是努力將棉被塞入睡袋，沒想到真的可以全部塞進去。戴董的結論是：因為有這個一公斤的睡袋價值5,000元，而三公斤的睡袋價值500元，你們出社會以後，要當這5,000元的睡袋還是500元的睡袋，就要看你們自己，一樣的睡袋，平地的睡袋又重又便宜，但是在高山上不能勝任這樣的功能跟任務，所以對我們來說在高山上是沒有用的。所以帶睡袋就要帶一公斤的睡袋，三公斤的睡袋戴董之後就沒再用了。所以戴董跟大家分享：一個老闆不會揹著一個很笨重的睡袋、不會揹著你到處走，他不會提拔你，你一定要做到有這種功能，就是他有艱鉅任務的時候，你做得到零下5.3度你可以禦寒，他才會要你，他不會揹著一個很笨重的三公斤又不能禦寒的睡袋到玉山去。所以，我們每一個人都要努力成為老闆重視的，會讓老闆願意把你的薪水加到別人的十倍，而且在他不需要你的時候，可以塞一塞就變小了，再從山上把你背下來，空間又小又輕，他永遠會揹著你，因為你這麼優秀這麼好，每個人出社會之後，都要變成登山睡袋，不能變成露營睡袋，要不然就完了。所以你就是要具有非常多的功能又要辦事效用非常強，老闆不需要你的時候，你不要給他製造困擾，不要製造很多問題、講很多閒話，這個啟示就是登山的睡袋。

故事二：個人的苦惱

戴董看到一篇報導，上面說每一個人每天的苦惱有85%的煩惱是無中生有的，例如：腳踏車落鍊就在那邊煩惱、被狗吠也在那邊懊惱、在電梯口看到王校長，跟她打招呼她沒有回應就因此而難過等。每一個人幾乎受到的煩惱或是心情不好都是莫名其妙（你去問正在忙的人，他正在忙當然會敷衍只說好好好，他會回應你已經不錯了），我們每一個人心理的不愉快，通常都是這85%所影響的，這些是不應該存在的。如果自己受外界這麼一點點的影響就不愉快，那就去死好了（開玩笑話語），因為不懂人生的意義，這些是心理學家所統計的。另外12%是需要打電話跟人家道歉或是講一些需要報備的事情，只要出個面或是講個電話就能解決的，但很少有人做到。因為每個人心理都會有恐懼，當你在跟人家道歉或是去做任何事情都會害怕。所以每個人都把這些會害怕的事情一直忍、一直拖，結果心理會害怕的事情都是自己因拖延去而不愉快的，而不是這件事情有什麼可怕的，是因為自己在delay、在延宕這些事情，讓自己心理產生很大的壓力。所以戴董有一個習慣，把今天的行程分析出來，把它寫出來，他早上第一件事情就是先打電話跟人家道歉，或是要罵人的一大早就先罵一罵，就是把自己最害怕最不敢面對的事一大早就先把它做完，這樣接下來做任何事情就會很開心的去做，就會迎刃而解了。絕對不要把一件事情一直拖延下去，要去勇敢地面對。再來3%是自己去體檢，如發現自己有癌症，或是一通電話來說家裡發生火災，所以所有的苦惱只有3%才是真的碰到問題。有97%是我們自己把它當作問題，如果這些數據我們想開了，碰到任何事情就會很快樂。戴董很快樂是因為他不受那85%影響。每件事情就是要把它想成很高興，若為那些事情煩惱，那就是自己笨了。

故事三：三合一咖啡

戴董說三合一咖啡裡面包含了咖啡、奶精、糖，因為三合一的配方比例是調好的，因為它儘量要滿足眾人的口味，故他覺得三合一咖啡其實是很好喝的。但他分享如果將三合一咖啡各自抽離為咖啡、糖及奶精，那麼你將發現單獨的咖啡很苦！只品嚐奶精會覺得很膩；而光喝糖水也難喝，其實三合一咖啡中之咖啡就像是人生中的工作、責任、壓力；奶精就如個人嗜好休閒，糖如家庭生活，要在這三者中取得平衡才能有好喝的三合一咖啡，而這也是三合一咖啡為什麼好喝的原因，故人們也要平衡工作、休閒及家庭才是比較完美的人生。

問題討論

1.若您是一位觀光餐旅業者，請問在三個故事中您是否有所收穫與啟示？如果有，請分享您個人的心得。

附錄

管理專業術語

隨著二十一世紀的來臨，全球開始盛行著如「標竿學習」、「BOT模式」、「藍海策略」、「知識管理」等專業術語，而國內外的知名學者，也常奉此為未來全世界管理的潮流，甚至連政府機關也以此作為施政的宣示，相關的演講及書刊更是充斥在不同的場合。本單元的管理專業術語，將不同於一般的旅館各部門作業時所使用的專業術語，如無訂房客人（walk in guest）、失物招領（Lost & Found, L & F）及請勿打擾（Do Not Disturb, DND）等。本單元主要介紹管理的相關專業術語應用於觀光餐旅領域，讓觀光餐旅相關科系的學子，能以更宏觀的角度瞭解觀光餐旅管理的內涵與精神，說明如下：

■Benchmarking——標竿學習

乃指企業以同性質或不同性質產業中之最好企業為標準，嘗試以有系統、有組織之方式，學習其經驗，以期與之並駕齊驅，甚至超越之。根據《天下雜誌》第345期，分享五百大服務業之觀光餐飲業裡最會賺錢的晶華酒店，為觀光餐飲業的標竿學習對象。而吃飯、睡覺是人類千萬年不變的基本需求，究竟如何在古老的生活商機裡，持續創造新話題？潘思亮總裁說，創新就是要懂得「化繁為簡，超外得中」。

■BOT（Build, Operate, Transfer）——BOT模式

主要用意在於降低政府財政負擔，及發揮民營企業經營效率兩大因素。其定義為：由政府將基礎建設之特許權交給民營企業，由民營企業負責融資、興建（build）、營運（operate）與設施之維護，經一定年限之經營後，民營企業最後再將完整營運設施移轉（transfer）予政府。飯店的房價主要由市場機制，以及區域性的消費能力作為訂定的標準，除非像美麗信飯店的BOT合作案，其房價有某種規定。

■BSC（Balanced Scorecard）——平衡計分卡

傳統的績效評估往往只著重於短期的財務指標，例如：投資報酬

率（return-on-investment）、每股盈餘（earnings-per-share）等，這種看短不看長的現象，對於策略、創新以及組織持續改善（continuous improvement）的達成帶來負面的效果。

BSC的緣起於1990年，由KPMG（安侯建業會計事務所）的研究機構所進行的研究計畫「未來的組織績效衡量方法」所發展出。BSC是透過四個構面：財務（financial）、顧客（customer）、企業內部流程（internal business process）及學習與成長（learning and growth）來考核一個組織的績效。BSC不僅透過財務構面保留對於短期績效的關心，也強調藉由其他構面的引入，可以將企業的願景與策略轉換成實際的行動，兩者若能緊密結合，將使組織的競爭力大為提升。例如飯店從員工的服務訓練開始，以提升飯店服務流程的效率，進而增加顧客滿意度（顧客願意再度光臨）及最後增加飯店收入，達到飯店的營收利潤目標。

■Blue Ocean Strategy——藍海策略

「藍海策略」旨在脫離血腥競爭的紅色海洋，創造沒有人與其競爭的市場空間。這種策略致力於增加需求，不再汲汲營營於瓜分不斷縮小的現有需求和衡量競爭對手。企業的永續成功，需要不斷以創新的精神加上有競爭性的成本概念來經營，才能成為藍海型的企業。如旅館業者要能塑造飯店的獨特價值、創造顧客的需求且增加消費者的好處，進而增加旅館的利潤，要不斷地創新，讓消費者產生好奇，想實際體驗，且其他旅館業者較難模仿。

■Downsizing——組織扁平化（精簡化）

指組織藉由大量裁員（layoff），使組織規模縮減，以提升競爭力。現代企業活動全球化，旅館業者在外部環境快速變遷及飯店業競爭日益激烈的環境之狀況下，考慮設計扁平化（downsizing，組織層級的減少）開放式組織體制，藉以縮短決策時間，建立一個零障礙高效率的企業發展環境。今日各大飯店多紛紛以精簡人事、降低人事之營運成本，以增加其收入。

■ Five Focus Analyze——五力分析

五力分析模式由管理大師哈佛大學教授Michael E. Porter所提出，認為產業的結構會影響產業之間的競爭強度，提出一套產業分析架構，它是分析某一產業結構與競爭對手的一種工具。Porter認為影響產業競爭態勢的因素有五項，分別是「新進入者的威脅」、「替代性產品的威脅」、「購買者的議價力量」、「供應商的議價能力」、「現有廠商的競爭強度」。而透過這五項分析可以幫其瞭解產業競爭強度與獲利能力。將可決定產業最後的利潤率，即為長期投資報酬率。分析產業上、中、下游產業，如五星級飯店的上游食品業、下游產業如旅行社、訂房中心，競爭者為其他目前營運中之五星級飯店與興建中的飯店。此外，替代品如汽車旅館及民宿亦蓬勃發展，威脅五星級飯店。因此，飯店要透過各面向的分析，以瞭解旅館產業競爭強度進而推估其報酬率。

■ JIT（Just In Time）——及時生產系統

其為一種庫存管理的方法，目的為當需求產生時，供應就能及時滿足需求的庫存管理方法，而這種方法應用於日本就被稱作Kanban system。JIT供應方式之優點為零庫存，有別於傳統方式將存貨積壓於公司倉庫，可減少存貨資金之壓力。旅館的客房備品若使用JIT系統，則可免去儲存備品倉庫，亦可避免員工偷備品之情形。此外，餐飲採購採JIT系統可以減少材料的腐蝕，並確保其新鮮度。

■ Job Rotation——工作輪調

主要目的在於增進員工工作內容之多樣性，減少工作上可能產生之單調與沉悶，同時可藉由輪調培養具有潛力之員工，使其未來成為組織內之管理者。旅館人力資源訓練部實施各部門工作輪調，以減少員工對工作單調感，亦可增加員工的競爭能力。

■Job Enlargement——工作擴大化

乃指工作內容之水平擴充，譬如原本只負責中餐廳之前場管理，工作擴大化後，則西餐廳前場一併負責。主要目的在於提高員工工作內容之多樣性。

■Job Enrichment——工作豐富化

乃指工作內容之垂直擴充，幫助員工能對自己的工作加以規劃並控制質與量，例如：原本只負責中餐廳之前場管理，工作豐富化後，則中餐廳後場一併負責。

■Joint Venture——合資企業

指兩公司聯合雙方的才能（資源）以成立另一家公司，通常兩家公司擁有互補的才能，且具有共同的目標。

主要的優點在於，合資公司的風險只限於出資的部分；進入外國市場的公司可以利用當地公司的專長，彌補自己的短處；如果當地國家的政府限制外國人的公司資本額時，合資就成為唯一可行的辦法。如美國米高梅幻象集團（MGM Mirage）將與亞洲賭業大亨何鴻燊之女何超瓊共組合資企業，該集團已與何超瓊達成各占50%股份的協議，經營附設旅館的大型度假賭場。

■KSF（Key Success Factor）——關鍵成功因素

產業中藉以戰勝競爭者，並獲得成功所不可或缺之因素。例如：國際觀光的硬體設備皆符合一定規模。因此，國際觀光旅館之KSF即可能除了現代化的硬體設施外，更重要在於服務人員服務態度能力或者是管理者管理能力等。

■Knowledge Management——知識管理

組織、員工與顧客皆存在一定的知識（如飯店資深員工對於老顧客之瞭解，將投其所好，進而提供貼心服務）與潛在資訊（如旅客離開旅館，飯店建立顧客的歷史檔案資料，飯店可憑藉此資料作為行銷策略之參考）。將可提升旅館之經營績效，有助於飯店收入。

■Marketing Mix-4P——行銷組合4P

所謂之行銷組合，乃指銷售一個產品所應包含之基本技術與技巧，一般即指所謂之4P，包括有product（產品）、pricing（定價）、place（通路）、promotion（推廣）。目前旅館行銷常提出8P，除上述外亦包括people（人員）、package（套裝組合）、program（專案行銷）及partnership（異業結盟的合作關係）。

■Market Segmentation——市場區隔化

所謂之市場，係由購買者所構成，而購買者在某些方面則彼此各有不同之處。購買者與購買者間，有年齡之不同、住的地理區域不同、購買行為不同、購買態度不同。譬如以地理市場區隔的旅館可分為城市型與休閒旅館型，前者以商務客人為主，後者以觀光休閒旅客為主。這些許許多多不同之因素（或稱之為變數）可以將市場予以區隔，如高所得之市場、花東地區市場、單身年輕女子市場等。一般區隔之因素有：地理、人口統計變數（如職業、性別、所得等）、心理及行為因素四種。

■MBO（Management By Objectives）——目標管理

藉由組織每一階層的討論與參與，共同訂定組織以及各單位明確之工作努力目標，並藉由目標來進行管理與工作績效評估。旅館各部門需訂年度計畫且於年終加以考核其已設定的目標，作為績效考核之標準。

■ Organizational Climate——組織氣候

乃指一個人在某一組織內工作之意識感，以及他對於組織之感覺。譬如有些旅館之組織氣候被形容為認為是公平與公開的；有些則被認為是家族企業沒有制度等。

■ Organizational Commitment——組織承諾

乃指個人對於組織之認同與投入。有學者認為組織承諾就是員工對於公司之忠誠度（loyalty）。組織承諾高的員工通常隱含工作績效（job performance）高、離職（turn-over）傾向低。目前旅館員工對組織承諾較低，因此員工常將工作當作跳板，故離職率高。此外，旅館業挖角員工的風氣盛行，亦為組織承諾低的原因之一。

■ Outsourcing——外包

指飯店把部分服務或生產工作交給另一公司或單位去完成，這一公司或單位可以是另一家公司，也可以是在公司內部。外包是一種降低企業成本的戰略。如飯店的清潔服務工作，外包給清潔公司，可降低旅館聘用全職員工的成本之外，還可以發揮規模經濟的效益。

■ Red Ocean Strategy——紅海策略

企業以價格競爭為本位，惡性競爭、削價策略的商場廝殺，就是深陷血流成河的紅海市場，不分敵我都得承受獲利縮減的後果。如旅館業者以降低房價策略來吸引住客，而其他旅館業者亦跟進同樣降低房價反擊，那麼彼此都沒獲得好處，只會縮減旅館的利潤。

■ Six Sigma——六標準差

所謂六標準差乃指產品之品質水準是：每一百萬次服務客人接觸中，只允許出現3.4次的缺點。當企業達到六標準差水準時，則表示每一百萬位接受服務的顧客中，有999,996位顧客之需求是獲得滿足的。

一般企業的缺點率大約是三至四個標準差，以三標準差而言，相當於每一百萬次的服務接觸裡，就有66,800次的缺點。如果企業能維持服務品質的水平到六標準差程度，則顧客滿意度與服務品質，將可以達到一個相當卓越的水準。因此，旅館管理者應努力將其飯店的服務品質達到六個標準差。

■SWOT（Strengths, Weaknesses, Opportunities, and Threats）——優勢、弱勢、機會與威脅分析

SWOT主要以有利或不利、內部或外部這兩個構面來對行銷者擁有的內部優勢和弱勢，以及行銷者面對的外部機會和威脅進行分析。內部優勢（Strengths）與弱勢（Weaknesses）是指行銷者通常能夠加以控制的內部因素，諸如組織使命、財務資源、技術資源、研發能力、組織文化、人力資源、產品特色、行銷資源等。外部機會（Opportunities）和威脅（Threats）是指行銷者通常無法加以控制的外部因素，包括競爭、政治經濟法律、社會文化、科技、人口環境等。這些外部因素雖說非旅館經營者所能控制，但卻對旅館的營運有重大的影響。故旅館經營者如能及時掌握機會、及時防範威脅，將有助於旅館行銷，及人力管理等策略的制定與達成。

■Synergy——綜效

此種效果是公司購併或策略聯盟之主要動機。指整合後的公司績效將超過原來的個別部分，例如某家旅館有完善的服務設備，而另一家訂房中心則有很好的通路網絡，預期兩公司策略聯盟後，將產生綜效，比以前有更高的每股盈餘。在營運合併或策略聯盟的情況，是指兩家公司的營運被整合在一起後，預期可為策略聯盟後公司帶來綜效的合併。其實綜效就是「1＋1 > 2」的效果，即整體價值會大於個體價值總和，任何營運策略聯盟或公司購併的基本理論根據就在於綜效。

■Theory X——X理論

Douglas McGregor提出，經由對人性之基本假定，提出兩種極端之看法，亦即X（人性本惡）理論與Y理論（人性本善）。X理論認為大部分的員工不喜歡工作與責任，喜歡被指揮；員工並不是因為想把工作做好而工作，而是為了財務上之激勵而為之。因此，對於大多數員工必須用監督、控制與威脅等方式，達成組織目標。因此，飯店人力資源部門設置各種管控的機制，如員工上下班要打卡、員工遲到要扣錢等規定。

■Theory Y——Y理論

Y理論則認為員工能從工作中獲得樂趣，外來之控制與處罰之威脅並不是激勵員工完成組織目標之唯一方法。整體言之，Y理論隱含一種對人的信念，亦即員工因為受到別人之期望，他能將工作做好，以及有機會與同事合作之激勵，而達成組織目標。因此，飯店各部門常會獎勵表現優秀的服務員工，如將其照片公布於員工及顧客可以看得到的地方。此外，飯店也固定舉辦員工旅遊及聚餐以增進員工融洽感情，有助於員工對顧客整體服務表現。

■TQM（Total Quality Management）——全面品質管理

指企業在經營上為了真正滿足消費者對於品質之要求，除了傳統之生產製造部門須做品質管制外，其他的行銷、人力資源、財務等部門均需參加，因而稱之為全面品質管理。根據2005年《遠見》針對台灣十大服務業評鑑，亞都麗緻飯店表現優越。該報導分享當神祕客踏進亞都麗緻，飯店員工不但懂得目視微笑，也不會像其他飯店櫃檯，將神祕客對機場巴士發車時間的詢問，踢皮球似的轉給服務台，而且交談上還能自動轉換成台語，和神祕客流利地話家常。當神祕客表示隔天早上有重要會議，卻在匆忙中忘了將西裝放進行李箱時，服務人員馬上拿出量尺為神祕客量身，提供適合尺寸的西裝，就像名牌西服師傅，為VIP客戶量身訂製西裝般謹慎。與其他飯店不是以「公司不提供」搪塞，要不就是隨便拿一件，穿不下再換的漫不經心態度完全不同。至於才check in就故意要求退房的魔鬼題，亞都麗緻幾乎拿到滿分。

■Food Mile——食物里程

「食物里程」指的是我們嘴巴和食物原產地之間的距離。里程高，表示食物經過漫長的運送過程，一路上交通工具所消耗的汽油，和隨之而產生的二氧化碳，破壞了環境。食物里程要低，大家盡量吃本地生產的食物。首先要吃「當季」的東西。故觀光餐旅業者應盡量使用當季食物新鮮且便宜。不但支持政府環保政策，節能減碳且可節省成本，增加公司的獲利。

■Fooding——餐食感情

隨著消費者飲食習慣的改變與時下的潮流趨勢，健康與個性化的餐飲文化風行。餐飲業者紛紛颳起一股養生風，不但強調低脂、高鈣及養顏美容等。此外，也在風味上不斷推陳出新，要吃得健康、吃得精緻且強調fooding的餐食藝術。所謂「fooding」就是（food+feeling），亦為食物加感情的飲食哲學；希望用餐者能用感情、情感去體驗食物，感受每道佳肴上桌時的香氣、欣賞擺盤的色彩和美感，且品嘗吃進嘴裡每一口食物味道之組合與變化。

參考文獻

一、中文部分

中華民國戶外遊憩學會（1997）。《台灣潛在生態觀光及冒險旅遊產品研究與調查》。台北：交通部觀光局。

尹駿、章澤儀譯（2004）。《現代觀光——綜合論述與分析》。台北：鼎茂。

戈春源（2004）。《賭博史》。台北：華成。

日本國際觀光振興機構（2008），《2007年訪日外客統計》。日本國際觀光振興機構。

西村幸夫著，王惠君譯（1997）。《故鄉魅力俱樂部》。台北：遠流。

台灣省政府交通處旅遊事業管理局（1995）。〈澎湖設置觀光娛樂特區可行性與觀光發展之關係出探〉，自行研究報告。

本明寬（1998）。《第三種標準》。台北：上旗。

甘唐沖（2002）。〈中國大陸加入WTO後對旅遊業影響與因應策略分析〉，《旅遊管理研究》，第2卷第2期，頁23-38。

交通部觀光局（1996）。《台灣地區設置觀光賭場之研究》。

交通部觀光局（2008）。《2008年9月中華民國國民出國目的地人數分析統計》。

交通部觀光局（2008）。《2008年9月民宿家數、房間數統計》。

交通部觀光局（2008）。《2008年9月份一般旅館家數、房間數統計表》。

交通部觀光局（2008）。《2008年9月旅行業家數統計》。

交通部觀光局（2008）。《2008年9月導遊、領隊統計資料》。

交通部觀光局（2008）。《2008年9月觀光旅館房間數及家數總表》。

交通部觀光局（2008），〈交通部觀光局輔導之觀光遊樂業營運大躍進〉，交通部觀光局新聞稿（2008/9/15）。

朱芝緯（2000）。〈永續性生態旅遊遊客守則之研究——以墾丁國家公園為例〉。國立台灣大學地理學研究所碩士論文，未出版。

江中皓（2002）。〈運動觀光高爾夫球假期遊客參與動機與滿意度之研究〉。

國立體育學院體育研究所碩士論文。
冷則剛（2003）。〈台北市因應全球化策略之研究：以會議及展覽產業為例〉。台北市研究發展考核委員會。
吳勉勤（2006）。《旅館管理理論與實務》，台北：華立。
吳進益（2002）。〈國際觀光飯店服務接觸與消費者後續行為關係之研究——以台中金典酒店為例〉。雲林科技大學企業管理研究所碩士論文。
吳萬益（2006）。〈行銷活動的內涵〉，《科學發展》，399期，頁34-41。
呂秋霞（2005）。〈我國國際會議場地服務品質之研究〉。國立台北大學企業管理系研究所碩士論文，未出版。
宋秉忠（2006）。〈澳門「賭一把」，大膽開放當贏家〉，《遠見雜誌》，8月號。
李雯（2006）。《出席2006年新加坡國際旅展觀光推廣活動報告書》。交通部觀光局。
周嫦娥、吳旻華（2005）。〈業者看會議產業的現在與未來——專訪台大醫學會議中心會議部馬德婕經理〉，《台灣經濟研究月刊》，28（3），頁26-31。
林東陽（1999）。〈直屬上司領導行為、員工工作滿足與人格特質對服務態度之影響——以百貨公司第一線服務人員為例〉。成功大學企業管理研究所碩士論文。
《空姐情報誌》（1999.9），創刊2號，頁14-17。
林錫波、陳堅錐、王榮錫（2007）。〈台灣區休閒農場發展現況與發展策略之探討〉，《台體學報》，15，頁152-163。
邱湧忠（2002）。《休閒農業經濟學》。台北：茂昌。
俞克元、陳韡方審譯（2006）。《餐旅與觀光行銷》。台北：桂魯。
香港旅遊發展局（2004）。《香港旅遊業統計回顧2003/2004》。香港旅遊發展局。
香港旅遊發展局（2005）。《1992~2004年訪港旅客人數》。香港旅遊發展局。
香港旅遊發展局（2005）。《2004年來港遊客人數分析》。香港旅遊發展局。
香港旅遊發展局（2005）。《2004年獎項及成就》。香港旅遊發展局。
徐于娟（1999）。〈餐飲服務人員工作生涯品質、服務態度對顧客滿意度、顧客忠誠度影響〉。中國文化大學觀光事業研究所碩士論文。
徐堅白（2000）。《俱樂部的經營管理》。台北：揚智。
栗志中（2000）。〈主題園遊客遊憩行為與意象關聯之研究〉。朝陽大學企業管理系研究所碩士論文。
翁御祺（2005）。〈台灣會展業之發展條件〉，《台灣經濟研究月刊》，28（3），頁63-72。
財團法人台灣經濟研究院（2007）。《88-95年台灣地區觀光衛星帳編製結果》。台北市：交通部觀光局。
高永謀（2008）。〈澳門經驗 台灣艷羨〉，《理財周刊》，421期。
國土交通省（2008）。《觀光關係情報》。國土交通省。
張文宜（2005）。〈休閒農場體驗與行銷策略規劃之研究〉。國立屏東科技大學熱帶農業暨國際合作研究所碩士論文。
張文龍（2002）。〈迎向WTO新挑戰——台灣會議產業發展趨勢研析〉，《經濟情勢暨評論》，第8卷第1期。
張於節（2002）。〈賭場模式發展觀光之影響研究——以綠島地區為例〉。國立東華大學企業管理研究所碩士論文。
張芳明（2008）。〈日將新設觀光廳，盼2020年吸引2000萬外國人〉。中央通訊社（2008/9/29）。
張宮熊、林鉦琴（2002）。《休閒事業管理》。台北：揚智。
許君琪（2004）。〈以實虛整合行銷觀點探討旅館業之顧客關係管理〉。銘傳大學管理科學研究所在職專班碩士論文。
郭德賓（1998），《服務業顧客滿意評量模式之研究》，國立中山大學企業管理學系博士論文。
郭岱宜（2001）。《生態旅遊——21世紀旅遊新主張》。台北：揚智。
陳世圯、黃豐鍵（2006）。〈台灣觀光產業發展之研究〉。財團法人國家政策基金會，2006年7月份研究成果。
陳哲軒、張瑋麟、張若怡、楊舒婷（2007）。〈全球配銷系統（GDS）於觀光旅館之應用與阻礙〉。真理大學觀光事業學系畢業論文。
陳菀愉（2006）。〈中國大陸開放個人遊觀光政策對香港觀光產業之衝擊探討〉。國立高雄餐旅學院餐旅管理研究所碩士論文，未出版。
陳銘堯（1998）。〈區域條件對非國際觀光旅館經營績效之影響——以台中市為例〉。私立東海大學管理學研究所碩士論文，未出版。
陳寶鱗（2004）。〈博彩人事管理的新舊方法比較與員工培訓〉。博彩產業與公益事業國際學術研討會。
游國謙（2004）。〈產官整合創意文化科技三合一〉。《工商時報》（2004/11/15）。
黃正聰（2000）。〈電子休閒的現況與未來發展〉。第三屆觀光事業管理與觀光資訊發展研討會，醒吾技術學院觀光事業管理系。
黃松釧（2004）。〈汽車旅館市場之感官追求區隔研究〉。中國文化大學觀光休閒事業管理研究所碩士論文。
黃金柱等（1999）。《我國青少年休閒運動現況、需求暨發展對策之研究》。行政院體育委員會。
黃應豪（1994）。〈我國國際觀光旅館業經營策略之研究——策略矩陣分析法之應用〉。國立政治大學企業管理研究所碩士論文。
楊永盛（2003）。〈遊客對宜蘭地區民宿評價之研究〉。世新大學觀光學研究所碩士論文。
楊宗威（1995）。〈態度對服務品質及滿意度的影響——以台灣南部地區超市為實證〉，成功大學企研所碩士論文，未發表。
楊峰洲（1999）。〈美國休閒運動相關的高等教育初探〉，《台灣體院休閒運動學系系刊》，1，頁52-55。
經濟部（2005）。《九十四年度會議展覽服務業經營管理輔導計畫——產業調查計畫成果報告書》，頁2-29。
經濟部（2005）。《九十四年度會議展覽服務業經濟管理輔導計畫——產業調查計畫》。
經濟部國際貿易局（2008）。〈我國會展產業展望〉。97年推動我國會議展覽服務業發展交流座談會。
葉泰民（1999）。〈台北市發展國際會議觀光之潛力研究〉。中國文化大學觀光事業研究所碩士論文，未出版。
董維、王翔鍇、溫玉菁（2005）：〈休閒農場體驗行銷之研究——以飛牛牧場為例〉。2005年中華觀光管理學會研討會（海報發表）。台中：靜宜大學。
趙幽默、李曉閔、 許亦峰 、容永誠（2004）。〈澳門旅遊博彩業人力資源培訓需求初探〉。博彩產業與公益事業國際學術研討會。
廖和敏（1999）。《在旅行中發現自己》。台北：麥田。
廖鴻基（1996）。《討海人》。台北：晨星。
劉雅煌（2004）。〈博彩與旅遊的關係走向〉。博彩產業與公益事業國際學術研討會。
劉興善（2007）。〈日本觀光旅遊事業暨觀光旅遊（導遊）人員考選、訓練制度考察報告〉。考試院。
蔡孟汝（2003）。《汽車旅館大進擊》。台中：銀色，頁1-5。
蔡蕙如（1994）。〈員工工作生活品質與服態度之研究——以百貨公司、便利商店、量販店、餐廳之服務人員為例〉。國立中山大學企業管理研究所碩士論文，頁25-26，未出版。
鄭心儀（2005）。〈以鄉村旅遊活化地區發展之策略研究〉。國立中山大學公共事務管理研究所碩士論文。
鄭建璋譯（2004）。《餐旅管理概論》。台北：桂魯。
鄭健雄、陳昭郎（1996）。〈休閒農場經營策略思考方向之研究〉，《農業經營管理年刊》，2，頁123-144。
澳門特別行政區政府旅遊局（2008）。《2008年8月主要綜合指標》。澳門特別行政區政府旅遊局。
澳門統計暨普查局（2008）。《2008年8月旅遊業概覽》。澳門統計暨普查局。
蕭麗虹、黃瑞茂編（2002）。《文化空間創意再造：閒置空間再利用國外案例彙編》。行政院文化建設委員會。
靜宜大學觀光事業學系（1994），〈賭博性娛樂事業的發展趨勢及階段性策略之研究〉。交通部觀光局委託研究報告。
環宇航空學苑（1999）。《最新空姐英語》。台北：三思堂。
環緯流通服務公司（2001）。〈物流篇：顧客關係管理與一對一行銷〉，《環緯簡訊》，26期。
謝宜潔（2004）。〈台灣休閒農場設立法規與現況調查研究——以新竹縣休閒農場為例〉。國立台灣師範大學政治學研究所碩士論文。
謝淑芬（1993）。《空運學——航空客運與票務》。台北：五南。
顏君彰、陳敬能（2006）：〈運動休閒產業的本質與發展概況分析〉。第八屆休閒、遊憩、觀光學術研討會。台北：台灣大學。

嚴長壽（2002）。《御風而上》。台北：寶瓶。

顧良智（2005）。〈澳門娛樂場的市場定位〉。博彩產業與公益事業國際學術研討會。

二、英文部分

Alden, D. L., Hoyer, W. D., & Lee, C. (1993). Identifying global and culture specific dimensions of humor in advertising: A multinational analysis. *Journal of Marketing, 57*(4), 10-19.

Ananth, M., DeMicco, F. J., Moreo, P. J., & Howey, R. M. (1992). Marketplace lodging needs of mature travelers. *The Cornell Hotel and Restaurant Administration Quarterly, 33*(4), 12-14.

Anderson, E. W., Fornell, C., & Donald, R. L. (1994). Customer satisfaction, market share, and profitability: Findings from Sweden. *Journal of Marketing, 58*(2), 53-66.

Anderson, E. W., & Sullivan, M. W. (1993). The antecedents and consequences of customer satisfaction for firms. *Marketing Science, 12* (1), 125-143.

Barsky, J. D., & Labagh, R. (1992). A strategy for customer satisfact- ion. *The Cornell Hotel and Restaurant Quarterly, 33*(6), 18-25.

Bearden, W. O., & Teel, J. E. (1983). Selected determinants of consumer satisfaction and complaint reports. *Journal of Marketing Research, 20*(3), 21-28

Bennett & Peterson (2004). *Music Scenes: Local, Translocal and Virtual,* Vanderbilt Univ Pr.

Cadotte, E. R., & Turgeon, N. (1988). Key factors in guest satisfaction. *The Cornell Hotel and Restaurant Administration Quarterly, 28*(1), 45-51.

Caneday, Lowell and Jeffrey Zeiger (1991). The Social, Economic and Environmental Cost of Tourism to a Gaming Community: Perceived by its Resident. *Journal of Travel,* No.3.

Casey C. Steven (1981). *The Negative Impact of Casino Gambling*. State Capitol CT: Hartford.

Chase, R. B., & Bowen, B. D. (1987). Where does the customer fit in a service operation? *Harvard Business Review, 56*(4), 137-142.

Christopher, M. (1992). *The Customer Service Planner.* Butterworth-Heinemann LTD.

Crosby, L. A., Evans, K. R., & Cowles, D. (1990). Relationship quality in service selling: An interpersonal influence perspective. *Journal of Marketing, 54*(2), 68-81.

Crystal S. (1993). What is the Meeting Industry Worth? *Meeting News, 17*(7), 1-11.

Dabholkar, P. A. (1996). A measure of service quality for retail stores: Scale development and validation. *Journal of the Academy of Marketing Science, 24*(1), 3-16.

de Mooij, M., & Hofstede, G. (2002). Convergence and divergence in consumer behavior: Implications for international retailing. *Journal of Retailing, 78*(1), 61-69.

Detlefsen H. (2005). Convention Centers: Is the Industry Overbuilt? *Hospitality Valuation Software International Journal.*

Garcia-Altes, A. (2005). The Development of Health Tourism Services. *Annals of Tourism Research, 32*(1), 262-266

Gallen, R. J. (1994). Development of a framework for the determ- ination of attributes used for hotel selection-indications from fo- cus group and in-depth interviews. *Hospitality Research Journal, 18*(2), 53-74.

Geller, A. N. (1985). Tracking the critical success factors for hotel companies. *Connell Hotel and Restaurant Administration Quarterly, 25*(4), 76-81.

Gibert, D., & Tsao, J. (2000). Exploring Chinese culture influences and hospitality marketing relationships. *International Journal of Contemporary Hospitality Management, 12*(1), 45-53.

Gibson, C. and Connell, J. (2004) "'Bongo Fury': tourism, music and cultural economy at Byron Bay, Australia", Tijdschrift voor Economische en Sociale Geografie, *Journal of Economic and Social Geography, 94*(2), 164-187.

Gunter, H. (2005). Following the LEEDer. *Hotel and Motel Management, 220*(21), 3-6.

Hall, C. M., & Macionis, N. (1998). Wine Tourism in Australia and New Zealand, *Tourism and Recreation in Rural Areas*. 267-298, John Wiley & Sons.

Harrison, G. L. (1993). Reliance on accounting performance measures in superior evaluative style: The influence of national culture and personality. *Accounting Organizations and Society, 18*(4), 319-339.

Hassan, S. S. (2000). Determinants of market competitiveness in an environmentally sustainable tourism industry. *Journal of Travel Research, 38*(3), 239-245.

Heskett, J. L., & Schlesinger, A. (1994). Putting the service profit chain to work. *Harvard Business Review, 72*(2), 164-172.

Hing, N., McCabe, V., Lewis, P., & Leiper, N. (1998). Hospitality trends in the Asia-Pacific: a discussion of five key sectors, *International Journal of Contemporary.*

Hofstede, G. (1996). Gender stereotypes and partner preferences of Asian women in masculine and feminine cultures. *Journal of Cross-Cultural Psychology, 27*(5), 533-546.

Homburg, C., & Rudolph, B. (2001). Customer satisfaction in industrial markets: Dimensional and multiple role issues. *Journal of Business Research, 52*(2), 13-33.

Huang, J., Huang, C., & Wu, S. (1997). National character and response to unsatisfactory hotel service. *International Journal of Hospitality Management, 15*(3), 229-243.

Katz, D. and Stotland, E., (1959). *Psychology: A Study of a Science*. Vol. 3, McGraw-Hill.

Kim S. S., Agrusa J., Lee H. & Chou K., (2007). Effects of Korean television dramas on the flow of Japanese tourist. *Tourism Management, 28*(5), 1340-1353.

Kuo, C. H. (2007). The importance of hotel employee service attitude and the satisfaction of international tourists, *The Service Industries Journal, 29*(7-8), 1037-1086.

Lefeuvre, A. (1980). Vatican City: Pontifical Commission on the Pastoral Care of Migrants and Tourist. On the *Moe 10*, 80-81.

Loverseed ,Helga (1995). Gambling Tourism in North America. *Travel & Tourism Research,* No. 3.

Martin, W. B. (1986). *Quality service: The restaurant manger's bible*. Ithaca, NY: School of Hotel Administration, Cornell University.

McIntosh, R.W., Geoldner, C. R., & Ritchie, J. R. (1995). *Tourism Principles, Practices, Philosophies*. (7th ed). New York: John Wiley & Sons.

Mill, R. C., & Morrison, M. (1985). *The tourism system: An introductory text*. Englewood Cliff, NJ: Prentice-Hall, 42-43.

Montgomery, R., & Strick, S. K. (1995). *Meetings, Conventions, and Expositions-An introduction to the industry*. Van Nostrand Reinhold.

Nakata, C., & Sivakumar, K. (1996). National culture and new product development: An integrative review, *Journal of Marketing, 60*(1), 61-72.

Norman Douglas, Ngaire Douglas, Ros Derrett (2001). *Special Interest Tourism*. Australia, John Wiley & Sons Australia.

Patterson, P. G., Johnson, L. W., & Spreng, R. A. (1997). Modeling the determinants of customer satisfaction for business to business professional services. *Journal of the Academy of Marketing Science, 25*(1), 4-17.

Plummer, R., Telfer, D. Hashimoto, A, & Summers, R. (2005). Beer tourism in the Canada along the Waterloo-Wellington ale trail. *Tourism Management, 26*, 447-458.

Qiu, H. & Lam, S. (1997). A Travel Demand Model for Mainland Chinese Tourists to Hong Kong. *Tourism Management, 18*(8), 593-597。

Robbins, S. P. (1991). *Management*. (3rd ed.). Englewood Cliffs, NJ: Prentice-Hall, 107-110.

Rust, R. T., & Zahorik, A. (1993). Customer satisfaction, customer retention, and market share. *Journal of Retailing, 69*(4), 193-215.

Schiffman L. G. and Kanuk L. L., (1994). *Consumer Behavior*. Prentice-Hall.

Schlesinger, L. A., and Heskett, J. L. (1991). Breaking the Cycle of Failure in Services. *Sloan Management Review, 32*(3), 17-28.

Sheehan, P. (2005). Going for the green. *Lodging Hospitality, 61*(11), 24-27.

Shone, A. (1998). *The Business of Conference*. Butterworth-Heinemann.

Swift, R. (2001). *Accelerating Customer Relationships*. Prentice Hall.

Thompson,William N. (1993). *Legalized Gambling, Tourism, Economic Development:*

Input and Output, Stupid, The 38th Annual Conference International Council for Small Business, Nevada: Bally Hotle and Casino, June.

Timothy, D. J. and Olsen, D. H. (2006). *Tourism, Religion, and Spiritual Journeys*. London & New York: Routledge.

Tornow, W. W., & Wiley, J. W. (1991). Service quality and management practices: A look at employee attitude, customer satisfaction, and bottom-line consequence. *Human Resource Planning, 14*(2), 105-115.

Vukonic', B. (1996). *Tourism and religion*. British: University of Zagreb. 21-68.

Wight, P. A. (1997). Ecotourism accommodation spectrum: Does supply match the demand? *Tourism Management, 18*(4), 209-220.

Wirtz, J., & Bateson, J. E. (1995). An experimental investigation international. *Journal of Service Industry Management, 6*(4), 84-102.

World Tourism Organization (2005). *World Tourism Organization,* p.6。

Zhong, H. & Lam, T. (1999). An Analysis of Mainland Chinese Visitors' Motivation to Visit Hong Kong. *Tourism Management, 20*(5), 587-594.

Ziff-Levine, R. (1990). The cultural logic gap: A Japanese tourism research experience. *Tourism Management, 11*(2), 105-110.

三、網站部分

〈CRM對企業的重要性〉（2006）。http://www.net247.com.tw/News/Doc_695.htm（2006/10/18）。

TravelClick（2007）。http://www.travelclick.net/uploads/emonitor/2003_qt4_en/emonitor.html。

王劍平（2008）。〈推展醫療觀光可借鏡鄰國經驗〉。http://www.twcsi.org.tw/columnpage/expert/e034.aspx（2008/7/11）。

台灣會議展覽資料網（2006）。http://www.meettaiwan.com/cht/Firm_Knowledge_Detail.asp?Category=meetTAIWAN%20PMO#（2006/10/8）。

交通部觀光局行政資訊系統（2008）。http://admin.taiwan.net.tw/indexc.asp。

交通部觀光局網站（2005）。http://taiwan.net.tw（2005/12/15）。

旭海國際科技集團（2006）。全球分銷系統。http://www.surehigh.com.tw/

inner1-1.php。

吳乾正（2006）。〈民宿與文化創意產業〉。http://www.wretch.cc/blog/achengwu（2006/12/21）。

〈美國拉斯維加斯打破博奕格局〉。http://www.tripshop.com.tw/n/text-n110601.htm（2006/4/13）。

徐冬來（2004）。〈中國展覽業的引進來與走出去〉。http://www.ceeinfo.net/shownews.asp?id=44635。

商業周刊（2007）。《商業周刊》，第1021期。http://www.businessweekly.com.tw/webarticle.php?id=27336。

張華正（2005）。〈摩鐵專欄：第二篇汽車旅館的定義及發展，台灣摩鐵汽車旅館特搜站〉。http://twmotel.com/article.php?leaf=article_content&Article_sn=7。

許京生（2004）。〈飯店應該享受旅遊業的優惠政策〉。中國：旅遊飯店網。

許惠雯（2006）。〈亞洲各國搶錢，將賭場當印鈔機〉。聯合新聞網（2006/10/29）。

陳淑娟（2008）。〈日擬於2020年吸引2000萬外國觀光客〉。中央網路報（2008/05/24）。

陳寶麟（2005）。〈淺談博彩培訓工作〉。博彩產業與公益事業國際學術研討會。

聯合理財網（2007）。〈博奕機產業長多趨勢確立〉。http://mag.udn.com/mag/money/storypage.jsp?f_ART_ID=80261（2007/8/20）。

單汝誠（2001）。〈紐西蘭歡慶百年觀光史、八大主題旅遊周遊回饋卡一次祭出〉。http://travel.mook.com.Twdailynews/ 200103/dailynews _20010302_1593_3.html（2001/3/2/）。

程丹（2007）。〈淺談韓國觀光產業的幾個特色〉。http://www.aylyzx.com/Htmls/cankao/0742526536.shtml（2007/4/25）。

黃穎捷（2007）。〈台灣休閒民宿產業經營攻略全集〉。http://www.atj.org.tw/newscon1.asp?number=1670（2007/5/10）。

黃穎捷（2007）。〈台灣休閒民宿產業經營攻略全集〉。http://www.wretch.cc/blog/upjohn/2955606。

新加坡旅遊局（2008）。〈今日新加坡〉。http://www.visitsingapore.com/publish/stbportal/zh_tw/home/about_singapore/singapore_today.html。

新加坡旅遊局（2008）。〈介紹新加坡商務會議〉。http://www.visitsingapore.com/publish/stbportal/zh_tw/home/mice_home/why_sg/introduction0.html。

溫月火求（2004），〈淺談網際網路對展覽行銷之影響〉。http://www.texco.org.tw/c02-4-word/Al2.doc。

葉泰民（2004）。〈建構國際會議城市〉。http://www.texco.org.tw/c02-4-word/A15.doc。

葉泰民（2004）。〈會議局——城市行銷的推手〉。 http://www.texco.org.tw/c02-4-word/A09.doc。

葉智魁（2001）。〈「開設賭場」：究竟是真能「振興經濟」還是會使「經濟陣亡」？〉。http://www.ndhu.edu.tw/~ckyeh/file04/%AE%C9%BD%D7%BCs%B3%F5%20-%20%B8g%C0%D9%B0}%A4`.htm（1999/3/18）。

葉智魁（2001）。〈反對「開設賭場」的因緣與基本理由〉。http://www.ndhu.edu.tw/~ckyeh/file05/%B0%EA%A4%FD%AA%BA%B7s%A6%E75.htm（2001/4/ 03）。

齊佑誠（2001），〈馬來西亞2001年旅遊新紀元，緊抓主題和定點度假〉。http://travel.mook.com.twdailynews/200101/ailynews_20010110_1397_6.html（2001/1/10）。

劉大和、黃富娟（2003）。〈國際文化觀光趨勢之探討〉。智邦知識電子報（2006/5/11）http://enews.url.com.tw//archiveRead.asp?scheid=2394。

劉宏偉（2004）。〈展望2004年中國會展，加快四化建設〉。http://www.ceeinfo.net/shownews.asp?id=43610。

鄭智鴻（2004）。〈93行銷活動DIY：台灣休閒農業發展協會〉。http://www.taiwan-farming.org.tw/FarmingSocietyWebsite/home6-1-1.asp?id=57。

賴柏欣（2002）。〈生態旅遊的定義〉。台灣生態旅遊網，http://www.ecotour.org.tw/。

謝文欽（2007）。〈台灣離島具開放賭場條件 但首應降低負面效應〉。http://www.rti.org.tw/big5/recommend/media/content.aspx?id=14（20073/20）。

餐飲旅館系列 29

觀光餐旅概論——理論與實務

作　　者／郭春敏
出 版 者／揚智文化事業股份有限公司
發 行 人／葉忠賢
總 編 輯／閻富萍
地　　址／台北縣深坑鄉北深路三段 260 號 8 樓
電　　話／(02)8662-6826
傳　　真／(02)2664-7633
網　　址／http://www.ycrc.com.tw
E-mail／service@ycrc.com.tw
印　　刷／鼎易印刷事業股份有限公司
ISBN／978-957-818-912-6
初版一刷／2009 年 7 月
定　　價／新台幣 320 元

國家圖書館出版品預行編目資料

觀光餐旅管理：理論與實務= Hospitality industry management : theory and practice / 郭春敏著. -- 初版. -- 臺北縣深坑鄉：揚智文化, 2009.07

面；　公分. --（餐飲旅館系列；29）

參考書目：面

ISBN 978-957-818-912-6（平裝）

1.旅遊業管理 2.餐旅經營

489.2　　98008030